江西财经大学东亿学术论丛 · 第一辑

# 中国野生菰种质资源

## 调查与分析

江绍玫　著

# Investigation and Analysis of *Zizania latifolia* in China

本书研究内容得到国家自然科学基金（31460378）和国家转基因生物新品种培育重大专项（2016ZX08001-002）资助。

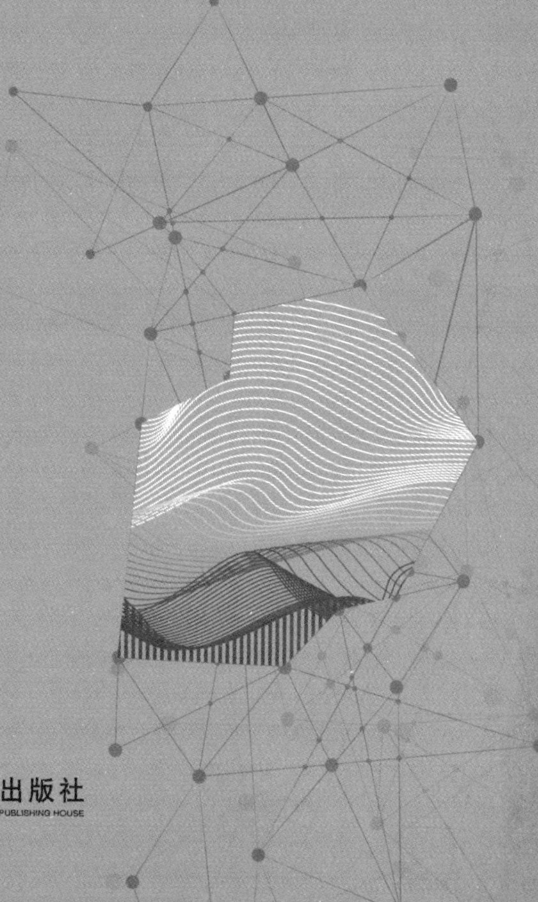

**图书在版编目（CIP）数据**

中国野生菰种质资源调查与分析/江绍玫著．—北京：经济管理出版社，2019.6
ISBN 978-7-5096-6844-3

Ⅰ.①中…　Ⅱ.①江…　Ⅲ.①茭白—野生植物—种质资源—资源调查—中国②茭白—野生植物—种质资源—分析—中国　Ⅳ.①S645.224

中国版本图书馆 CIP 数据核字(2019)第 171661 号

组稿编辑：李红贤
责任编辑：李红贤
责任印制：黄章平
责任校对：赵天宇

出版发行：经济管理出版社
（北京市海淀区北蜂窝 8 号中雅大厦 A 座 11 层　100038）
网　　址：www.E-mp.com.cn
电　　话：（010）51915602
印　　刷：三河市延风印装有限公司
经　　销：新华书店
开　　本：720mm×1000mm/16
印　　张：11.75
字　　数：153 千字
版　　次：2019 年 6 月第 1 版　　2019 年 6 月第 1 次印刷
书　　号：ISBN 978-7-5096-6844-3
定　　价：68.00 元


联系地址：北京阜外月坛北小街 2 号
电话：（010）68022974　　邮编：100836

江西财经大学统计学院东亿论丛·第一辑

# 编　委　会

# 总　序

江西财经大学统计学院源于1923年成立的江西省立商业学校会统科。统计学专业是学校传统优势专业，拥有包括学士、硕士（含专硕）、博士和博士后流动站的完整学科平台。数量经济学是我校应用经济学下的一个二级学科，拥有硕士、博士和博士后流动站等学科平台。

江西财经大学统计学科是全国规模较大、发展较快的统计学科之一。1978年、1985年统计专业分别取得本科、硕士办学权；1997年、2001年、2006年统计学科连续三次被评为省级重点学科；2002年统计学专业被评为江西省品牌专业；2006年统计学硕士点被评为江西省示范性硕士点，是江西省第二批研究生教育创新基地。2011年，江西财经大学统计学院成为我国首批江西省唯一的统计学一级学科博士点授予单位；2012年，学院获批江西省首个统计学博士后流动站。2017年，统计学科成功入选“江西省一流学科（成长学科）”；在教育部第四轮学科评估中被评为“A－”等级，进入全国前10%行列。目前，统计学科是江西省高校统计学科联盟盟主单位，已形成研究生教育为先导、本科教育为主体、国际化合作办学为补充的发展格局。

我们推出这套系列丛书的目的，就是想展现江西财经大学统计学院发展的突出成果，呈现统计学科的前沿理论和方法。之所以以“东亿”冠名，主要是以此感谢高素梅校友及所在的东亿国际传媒给予统计学院的大力支持，在学院发展的关键时期，高素梅校友义无反顾地为我们提供了无私的帮助。丛书崇尚学术精神，坚持专业视角，客观务实，兼具科学研究性、实际应用性、参考指导性，希望能给读者以启发和帮助。

丛书的研究成果或结论属个人或研究团队观点，不代表单位或官方结论。如若书中存在不足之处，恳请读者批评指正。

编委会

2019 年 6 月

# 前　言

世间万物，不尽相同。形形色色的植物种质资源构成了整个生物圈异彩纷呈而又充满活力的自然生态环境，是生物圈的重要组成部分。从遗传学的角度来说，植物种质是由植物体亲代传递给子代的遗传物质，它往往存在于特定的植物种质之中，也是存在于整个自然界、人类社会的一项重要遗传资源。植物种质资源是选育植物新品种的基础材料，是种质资源遗传改良、种质资源库构建和物种保护及开发的重要物质基础，是一种重要的再生资源。21 世纪，人类在生物医学、遗传资源学以及生态学等学科领域所做的一切努力与探索，无一不是对植物种质资源的再认识、再开发与再利用。可以说，人类社会的命运将取决于人类理解和发掘植物种质资源的能力。

一方面，对植物种质资源进行调查，就是要能够清晰地认识我们身处的生存环境中，有哪些可供人类探索和利用的遗传资源，进而为人类合理使用这些资源提供判断依据，实现种质资源开发和人类共存的可持续发展愿望。另一方面，研究植物的起源和演化规律能够从本质上探寻生命循环变幻的“万物之道”，从而揭开生物圈中生命不息的奥妙。

我国是野生菰（*Zizania latifolia*）种质资源重要的分布区域之一，尤其在长江中下游和淮河流域的湖泊、沼泽和湿地分布量居多。野生菰作为重要的宿根性水生草本植物，具有较高的食用价值、营养价值和基因资源利用价值，与水稻生长习性有许多相似之处，可作为水稻遗传育种优良基因库的重要来源，越发受到育种工作者的重视。但到目前为止，菰的基础资料，如野生菰分布状况、总储量及居群特征等仍不甚清楚；菰的基因遗传价值和利用价值，如菰属植物的遗传多样性演变、菰米性状的水稻颗粒转化等仍不甚完善。本书讲述了我国野生菰种质资源全面调查的情况，并重点分析长江中下游各湖区菰资源状况及叶面表型多样性，针对不同湖泊出现的问题给予相应的建议，为后续更深入的研究提供实践参考。本书的主要特点如下：

第一，内容丰富，适用面广。综合系统性的植物种质资源调查方法和步骤，从野生菰的基本概况、研究价值、资源开发、保护与可持续性利用等各个层次，详细而深入地介绍了中国野生菰资源调查的全过程，对其他学科的资源探索具有普遍的借鉴意义。

第二，理论指导和实地调查相结合。本书记录的各区域走访调查、实地观测，足迹几乎遍布全国的各个湖区、每条河流。对每个采样点勘察到的菰植物，均详细地介绍了其生存环境、生存现状，并借助相关理论和方法详细分析其遗传资源表型性状，便于读者全面了解我国野生菰遗传资源情况。

第三，初步研究与深层分析相结合。以长江中下游湖区野生菰种质资源为例，在调查采样获得资料信息的基础上，分析了六大湖区野生菰表型性状变异情况，并对其进行菰居群系统聚类，利用得出的分析聚类结果，对各湖区的野生菰资源开发利用和保护提出针对性的建议。同时呼吁有关部门及群众共同保护野生菰种质资源。

本书样本采集由苏晓娜、黄雪雯、王圣子海与熊琦哲完成，图表由苏晓娜和谢小燕整理完成。此外，还得到国家自然科学基金（31460378）的资助，特此表示衷心的感谢！

本书对中国野生菰种质资源进行调查与分析，掌握了我国野生菰的储量与分布规律。但在付梓之际，仍惶恐不安。书中如有不妥之处，恳请专家和读者们批评指正，以便进一步完善和提高。

笔者

2019 年 6 月

# 目　录

第一章　植物种质资源的调查、搜集与保存 …………………… 1

第一节　种质与种质资源 …………………………………… 1

一、种质与种质资源的概念 ………………………………… 2

二、植物种质资源的重要性 ………………………………… 2

三、研究植物种质资源的目的和意义 ……………………… 4

第二节　植物种质资源的调查 ……………………………… 5

一、调查的目的 ……………………………………………… 6

二、调查前的准备工作 ……………………………………… 6

三、调查的具体内容 ………………………………………… 8

四、材料整理 ……………………………………………… 10

五、调查总结 ……………………………………………… 11

第三节　植物种质资源的搜集 …………………………… 12

一、种质资源搜集的对象 ………………………………… 13

二、种质资源搜集的方法 ………………………………… 13

三、种质资源管理 ………………………………………… 14

第四节　植物种质资源的保存 …………………………… 15

一、植物种质资源的保存方式 …… 16
二、建立植物DNA库的必要性 …… 16
三、植物DNA库的保存对象 …… 17

第二章 中国野生菰种质资源调查 …… 19

第一节 菰属植物研究概况 …… 19
一、起源及演化 …… 20
二、分布概况 …… 21
三、研究价值 …… 22
四、菰资源的开发利用 …… 29
第二节 中国野生菰种质资源调查 …… 32
一、调查目的及意义 …… 32
二、调查地点及路线 …… 34
三、调查前的准备工作及调查内容 …… 35
四、调查结果及分析 …… 38
五、野生菰资源保护策略 …… 46

第三章 长江中下游各湖区菰资源调查概况 …… 49

第一节 鄱阳湖野生菰种质资源调查 …… 49
一、自然地理概况 …… 50
二、鄱阳湖野生菰种质资源调查 …… 52
三、问题及建议 …… 59
第二节 洞庭湖野生菰种质资源调查 …… 62
一、自然地理概况 …… 63

二、洞庭湖野生菰种质资源调查 …… 66
三、洞庭湖野生菰叶面表型多样性分析 …… 74
四、问题及建议 …… 79
第三节 太湖野生菰种质资源调查 …… 81
一、自然地理概况 …… 83
二、太湖野生菰种质资源调查 …… 84
三、太湖野生菰叶面表型多样性分析 …… 89
四、问题及建议 …… 95
第四节 洪泽湖菰资源现状 …… 99
一、自然地理概况 …… 100
二、洪泽湖野生菰种质资源调查 …… 101
三、洪泽湖野生菰叶面表型多样性分析 …… 105
四、问题及建议 …… 111
第五节 巢湖菰资源现状 …… 113
一、自然地理概况 …… 113
二、巢湖野生菰种质资源调查 …… 114
三、巢湖野生菰叶面表型多样性分析 …… 116
四、问题及建议 …… 119
第六节 梁子湖野生菰种质资源调查 …… 122
一、自然地理概况 …… 124
二、梁子湖野生菰种质资源调查 …… 128
三、梁子湖野生菰叶面表型多样性分析 …… 133
四、问题及建议 …… 138

附表　中国野生菰居群地理信息 …………………………………… 147

参考文献 ………………………………………………………………… 157

后　记 …………………………………………………………………… 173

# 第一章
# 植物种质资源的调查、搜集与保存

美国人 S. H. Witter 在《21 世纪的农业》这篇报告中指出，现在人们所搜集的植物种质资源将对 21 世纪起着定型作用。J. R. Harlan 进一步指出："人类的命运将取决于人类理解和发掘植物种质资源的能力。"可以说，谁拥有的植物种质资源最丰富，研究得最深入，利用得最充分，谁就是 21 世纪的赢家。因而，必须着眼于可持续发展，重视对植物种质资源的认识、开发、保护和合理利用。本章简单阐述了有关种质和种质资源的概念、植物种质资源的重要性以及研究植物种质资源的目的和意义，并对植物种质资源调查、搜集与保存工作的各个环节进行了详细说明，以期为开展相关工作的调查人员提供参考与借鉴。

## 第一节　种质与种质资源

自然界中所有的生物都会呈现自身的遗传现象，它是保证生命延续及种族繁衍的前提。"种瓜得瓜，种豆得豆"就是对于遗传现象最生动的描述。地球上约有 100 万种动物、30 万种植物和很多微生物，其中都蕴藏着丰富的基因资源，只要发掘和利用其中的一小部分，就足以为培育农畜新品种开辟广阔天地。随着现代科学的发展，科学家已经将世界上大部分植物有用的基因收集起来，贮存在一个“仓库”中，这个仓库就称之为“基因库”，通俗的名称叫“种质库”，用以保存种质资源。迄今为止，全世界已建成各类种质库 500 多座，收藏种质资源 180 多万份。

## 一、种质与种质资源的概念

种质（Germplasm，germ：胚、胚芽、起源，－plasm：产物、生成物）是决定生物种性（生物之间相互区别的特性），并将丰富的遗传信息从亲代传给子代的遗传物质的载体。对于种质这个概念的理解，一方面在于它能决定生物种性，另一方面是能在亲代与子代之间遗传。从宏观的角度看，植物种质可以是一个群落、一株植物、植物器官（如根、茎、叶、花药、种子等）；从微观的角度看，植物种质的范畴包括细胞、染色体乃至核苷酸片段。种质资源又称遗传资源，是指植物种质在一个国家、一个地区存在的状况。一种栽培植物的种质资源包括古老的地方品种、新育成品种、重要的育种品系、育种原始材料，以及野生种和近缘野生植物。

## 二、植物种质资源的重要性

植物种质资源的重要性主要体现在下列四个方面：

### （一）植物种质资源是培育优良作物品种的源泉

随着经济的发展以及人口数量的不断增加，人类对于食物在数量和质量上的需求也不断提高。要满足这种迅猛增长的需求量，必须依靠对植物种质资源的发掘与利用。在质量上，越来越多的人不再满足于解决温饱问题，而是追求营养、健康、安全和美味。农作物产品质量的提高离不开种质资源，只有对这些资源进行合理有效的开发，才能不断培育出新的优良作物品种，改变人们的生活，满足人们对美好生活的追求。粮食作物种质资源是人类生存的关键，只有不断深入研究、合理有效利用，才能真正从根本上解决生产力与生产关系之间的矛盾。

### （二）植物种质资源是植物育种的物质基础

从栽培植物的育种历程不难发现，凡是突破性的成就，无一不与种质资源的发现和利用有关。20 世纪 70 年代，我国袁隆平发现野生水稻不育株，并且利用它培育出的杂交水稻成为轰动世界的重大发现。随着人们生活水平的提高，对作物育种的要求也越来越高。产量、品质、抗逆、抗病（虫）等多方面的目标都等着植物育种工作者去完成。在传统育种方法继续发挥作用的同时，一些建立在现代生物科技基础上的育种技术也不断受到重视，远缘杂交、细胞融合、基因工程等育种新技术在植物育种中逐渐得到应用。总之，不论采用什么技术手段，都离不开丰富的植物种质资源。种质资源与植物育种密不可分，离开种质资源，育种工作者将是“巧妇难为无米之炊”。

### （三）植物种质资源为生物技术的发展提供基本材料

生物技术在过去十年中得到迅速发展。通过分离基因，构建重组分子，再导入异源基因，以培育新品种；或者将含有目标性状基因的 DNA 片段导入植物，在后代中筛选出具有目标性状的优良品种。现代生物技术有着巨大的应用潜力，而这种潜力的发挥离不开植物种质资源的调查与搜集。

### （四）植物种质资源是植物基础研究的物质基础

研究植物起源与演化的学者，必须拥有大量的植物种质资源。瓦维洛夫从 1923 年开始，经过 31 年的努力，从 60 多个国家搜集了 25 万份植物种质资源，通过对这些种质资源进行深入研究，提出了栽培植物八大起源中心学说，这一学说到现在仍具有重要的指导意义。在研究栽培植物起源时，如果不具备足够的种质材料，可能得出不完整甚至是错误的结论。除植物起源、演化外，植物分类、生理、生化、遗传等学科的发展，都依赖于丰富的植物种质资源。没有植物种质资源，这些学科的发展将成为“无源之水，无本之木”。

## 三、研究植物种质资源的目的和意义

种质是地球上最重要、最根本的自然资源之一。它与地球上的其他资源的衡量标准不同（如矿产资源、水资源等），种质资源的丰富程度取决于自身遗传多样性，而其他自然资源的丰富程度则是由蕴藏的数量和质量来决定的。对于某一植物种质资源的研究，主要包括对该种植物的分类、起源与演化、种质调查与搜查、种质保存、种质评价与鉴定以及种质利用等几个方面。人类研究植物种质资源和研究其他自然资源一样，都是为自身利益服务的。植物种质资源的生态价值远远高于它为人类提供生产、生活资料的价值。植物种质资源不仅是人类赖以生存的食物、药物和工业原料的重要源泉，同时也是维护生态平衡的主导因素。只有在保护和可持续利用的前提下，有组织、有步骤地进行开发利用，才能避免资源枯竭，实现资源的可持续利用。

当前由于人类对自然的过度索取和破坏，植物物种以空前的速度走向灭绝，植物多样性减少，濒危植物种类不断增加，成千上万种珍贵的植物种质资源遭到灭绝。这些结果都与可持续发展的理念背道而驰。研究种质资源的目的，就是要使人类和它赖以生存的植物种质资源都得到可持续发展。对于植物种质资源的搜集、保护与研究，不仅对农业的发展有着重要意义，与人类的生存也息息相关，应积极展开相关工作，重视对植物种质资源的认识、开发、保护和利用。

## 第二节 植物种质资源的调查

我国国土辽阔，气候温和，地形变化多样，植物种质资源极为丰富。摸清各地区植物资源的种类、品质、分布（水平分布和垂直分布）、蕴藏量和濒危程度，是制定该区域植物资源合理利用、科学规划和保护措施的基本依据。植物种质资源调查（Exploration of germplasm resources）是指查清和整理一个国家或一个地区范围内植物种质资源的数量、分布及特征、特性的工作，它是整个植物种质资源工作中最艰苦的阶段，但也是开展植物种质资源其他方面研究工作必不可少的前提。

## 一、调查的目的

我国优越的自然条件孕育着丰富多彩的植物种质资源。为了充分开发利用这些丰富的资源，做到合理开发及可持续利用，就必须对植物种质资源进行调查。一方面，可以摸清植物种质资源储量与利用情况。种质资源储量包括总储量、经济储量和经营储量；利用情况包括直接及间接利用价值、利用现状。在调查中发现的优良栽培品种、品系经鉴定后，有推广价值的，可直接引种推广；不能直接推广的，则作为育种原始材料。此外，野生植物中，还有许多能被利用的植物资源，它们也是调查的重要对象。另一方面，为研究植物起源和演化提供依据。通过对一些重要地方植物野生种和近缘野生植物的调查，可发现植物起源和演化的新线索，不断丰富该植物起源、演化理论。

## 二、调查前的准备工作

准备工作是顺利完成资源调查的基础。进行植物种质资源调查，特别是大规模的调查活动，必须事先制订周密的计划，充分做好各项准备工作。主要内容有：分析调查区域的相关地史资料，明确调查内容、范围、方法、工具等，并制订好完善的调查计划。具体包含以下几个方面的工作：

### （一）制订调查计划

通过前期搜集的有关资料和调查任务，明确本次调查工作的目的、任务、人员组成、调查路线、时间、经费预算以及物资设备等，其中调查的目的极为重要。没有明确的调查目的，不可能得到满意的效果。

### （二）组建调查队

植物种质资源调查是复杂的科技工作，因此，要求调查人员须具备相当的专业基础知识。调查队的人数应根据调查任务、对象和活动范围而定。规模大的调查，需要人员较多，可安排 7 ~ 10 名有关学科的人员。非常重要的调查活动，人员更多。单一种质资源调查组以 3 ~ 4 人为宜。对没有参加过调查的人员，须进行适当的技能培训。

### （三）确定调查地点

根据前期所搜集到的资料，确定好调查地区。植物种质资源调查应把重点放在以下 4 种地区：①该种植物初生起源中心或次生起源中心；②植物多样性最高的地区；③尚未进行过植物种质资源调查的地区；④植物资源遭受损失和威胁最大的地区。确定调查地区后，参加调查的人员还应查阅与所调查地区有关的图像、文字资料和计算机数据库，了解该地区地形、植被、土质、水文、气候等方面的信息，以及社会结构、民族分布、生活习惯、经济状况、社会变迁情况、耕地面积、作物种类、栽培方式、主要病虫害发生情况等背景资料。这对确定调查点和调查路线非常重要。

### （四）时间安排

出发之前要对调查时间作详细安排。不仅要有充分的时间完成调查任务，还要从经费开支和工作进程的角度考虑，不能把调查时间拉得过长。具体时间长度，需根据调查任务和目的而定。

### （五）经费预算

在调查前应作出预算，包括总经费预算和分项开支预算。预算必须切合实际，既要保证调查活动顺利进行，又要符合当时财政实力所允许的额度。各项经费预算都要仔细论证，避免在财力上造成浪费。

### （六）物资设备的准备

野外调查植物种质资源所需准备的物资设备，包括仪器设备的准备（叶面积测量仪、采集刀、野外记录本、卷尺、GPS 定位仪、收集样品袋具、笔等）、野外医药保健用品、交通工具（车辆、地图）等。

## 三、调查的具体内容

植物资源调查的主要内容有生境信息、种质类别、名称、分布、价值、利用情况、生物学特性以及生态习性等。

### （一）观察记载内容

各类植物种质资源调查都应观察记载以下信息：

#### 1. 种质生境信息

地理位置：记录调查地区所在行政区域、经纬度、海拔高度、交通干线情况、地势、坡向、坡度等；水土状况：包括土壤类型、土壤理化性质和肥力特征、水文条件等；气候条件：通过访问群众和参照当地有关气象站的记录资料，记载有关温度、降雨量、湿度、风等内容；生态条件：包括植被状况、伴生植物（野生资源）、间作物（栽培品种）等。

#### 2. 植物资源本身的信息

种质类别：野生种、栽培种等；种质来源：野外、农田、市场、科研单位等；种质名称：原名、学名、别名、地方名等；种质编号：调查时的临时编号；利用价值：包括现实的利用价值（产量、品质、用途等）和潜在的利用价值（野生资源被当地居民利用情况、可开发利用的植物体部位、栽培植物的某种特殊用途等）；利用情况：包括在当地作物中所占比重、栽培历史、分布情况等；植物学特性：包括根的类型和分布，茎的类型与大小，植株高度，分布情况，叶的种类、形态与着生方式，花的形态特征，果实类型与形态，繁殖方法，种子形态等；生物学特性：包括生长习性、开花、结果习性、生育周期以及对主要胁迫（如病虫害和各种逆境）的反应。

3. 其他相关信息

对于某些主要的种质采集点，应及时摄影、摄像，制作影像资料，一些种质样本，特别是采集后往往因失水而变形的样本，也应及时做好影像记录。

### （二）采集样本

采集种质样本要考虑地点的选择、采样技术和采样数量。采集地点主要是栽培品种的生产田和野生种的自然生境。根据地区内植物多样性、分布方式、目标种质在群落中的密度、个体的变异情况等确定采样点的数目和间隔距离。为了避免许多珍贵材料被遗漏，在进行样本采集时不采用随机方法，而是有选择性地进行采样。采样的目标是在最小的样本数目中获得最大的变异性。适宜的样本数目依多样性程度而定。地方品种、野生种和野生近缘种都是比较混杂的群体，采集各种种质材料的数量应尽量多些。

## 四、材料整理

### （一）样本编号

对于所采集到的各种样本，要随时挂上标签并编号。同一材料的各种标本编号要一致，同时填写原始记录卡。编号时每一份资源材料编一个采集号，保证在各种情况下不重不乱、清晰明了。

### （二）样本处理

对于所采集的样本应采用正确的方法及时烘干、压制，寄回实验室保存。

### （三）调查记录本

样本采集多为材料的某一部位，不能完全反映种质材料的所有性状、产地、生态环境等。所以，在野外调查时，要仔细观察材料特点，并把观察结果逐一记入原始记录卡，为后期种质资源的鉴定和研究起到一定借鉴作用。

### （四）影像资料

在进行样本采集时，还应及时摄影摄像。一些种质样本，特别是采集后往往因无水而变样的样本，都应及时做好影像记录。这些影像资料有助于对种质资源的鉴定与分类。另外，有些植株高大的植物，在调查时只能采集植株的一部分作为标本，对这种种质材料必须做影像记录以表现植株全貌。主要采集点的全景影像资料能反映出种质材料对地理和生态环境的适应性，为种质的研究及进一步调查工作提供重要依据。

## 五、调查总结

野外调查结束后，要及时对调查资料进行统计分析和整理，并撰写调查报告。发现不足，可及时回到调查点进行检查，以便及时加以补充。这一关键步骤会使调查过程所获得的资料和材料更加完整化、系统化、理论化。作为整个调查工作的结晶，调查报告应尽可能详细，以便为当前和今后种质资源利用提供参考。

报告内容大致包括如下几项：①前言（调查目的、任务、地区、内容、方法等）；②调查地区的社会经济概况（包括人口、劳动力、居民生活水平、所调查种质资源在社会发展中的地位等）；③调查地区的自然环境概况；④资源现状分析；⑤资源综合分析与评价；⑥资源开发和保护的意见或建议；⑦结论与展望；⑧本次调查的经验与教训；⑨各种附件资料。

## 第三节　植物种质资源的搜集

20 世纪以来，种质资源搜集（Collection of germplasm resources）已成为一项至关重要的工作。通过考察、采集、征集、交换、贸易等渠道搜集植物种质资源是植物遗传育种的基础工作。我国从 20 世纪 50 年代后期开始对品种进行收集，目前已收集种质资源超过 33 万份，并在许多地区建立保护区，对珍惜、濒危物种加以挽救。

种质资源搜集是指对种质资源有目的的汇集方式，包括普查、专类搜集、国内征集、国际交换等。对经过调查或信息渠道了解、掌握的植物种质资源，不论是野生植物、地方的或人工创造的品种，都应进行合理搜集，妥善保存这些搜集品，深入研究它们，以便更有效地加以利用，同时减少流失，保护植物生物多样性。

## 一、种质资源搜集的对象

种质资源搜集的实物一般是种子、芽体、叶、花粉、枝条、组织和细胞等。具体包括：①目前正在栽培的品种，尤其是那些濒临灭绝的优良稀有地方品种；②过去栽培但现生产已淘汰的品种；③栽培植物的野生近缘种；④特殊的种质资源，如突变体育种系、纯合自交系、远缘杂交的中间类型等；⑤对人类可能有潜在利用价值的野生植物。搜集材料要做到正确无误、纯正无杂、典型可靠、数量适当、资料完整等。

## 二、种质资源搜集的方法

为了使搜集的资源材料能够更好地被研究和利用，在搜集时必须了解其来源、生长地的自然条件、栽培特点、适应性和抗逆性以及经济特性等。在开始搜集之前要做好相应的准备工作，如确定搜集时期（多为种质繁殖期）、制订搜集计划、组织搜集队伍。具体方法如下：

### （一）种质资源的征集

植物种质资源的征集，一般是指国内通过国家行政部门或农业科研单位，向全国或某地区、某单位发公文或公函，由当地人员组织搜集种质资源，并送往主持单位。一方面，可以通过行政部门发公函征集。由行政机构印征集通知，统一表格，发往全国各地或某些特定地区，对征集工作提出具体要求，如搜集的种子量、标本数、标本大小、标本取材部位等。这些通过行政手段实施的征集工作，在我国植物种质资源工作中具有深远的历史意义，使我国在短时期内把分散于全国各地的植物种质资源搜集起来，并陆续入库（圃）保存。征集保留下来的种质材料数量约占全国现有资源的一半。另一方面，可以通过发函通信征集。植物遗传资源或育种工作者，通过适当的媒介了解到新近育成的植物新品种、新类型或发现新材料后，及时而有目的地发函或通信联系，向有关单位或个人征集。

### （二）种质资源的调查搜集

种质资源的搜集工作大多是与植物种质资源调查工作同时进行的。在实际考察过程中，通过访问当地富有实践经验的科技人员和农民，了解考察对象的类型、品种及近缘野生植物等相关信息，同时对调查植株进行样本搜集。我国自 20 世纪 70 年代末以来开展大规模种质资源调查活动，搜集到不少植物种质资源。随着种质资源工作的开展，植物种质资源搜集应针对一些重点地区及特定种类。今后的种质资源搜集不限于国内重点地区，跨国界搜集活动将日益频繁，国际的种质资源调查搜集将开展广泛的合作。

## 三、种质资源管理

对于搜集的种质材料要登记、编号、分类、核实、鉴定，保证搜集的材料有案可查、检索和利用。同时，需要建立种质资源档案和性状数据库，编写种质资源目录。具体步骤如下：

### （一）文字资料档案

文字资料档案包括搜集品登记簿、检索卡和资料档案。首先，搜集者先对种质资源搜集品进行临时编号（即搜集号），并记录在簿。其次，对于每份种质材料应制备编号顺序卡、名称卡、原产地卡和分类卡四套检索卡。此外，每种卡片上都应有编号、名称、来源地和产地。最后，建立资料档案，包括影像资料、历年评价鉴定结果等。

### （二）实物标本档案

为了妥善保存这些珍贵的实物标本，应建立设施条件较好的标本馆，长期保存搜集种质的实物标本。实物标本档案包括原始种子、果实标本、苗木标本等。这不仅可以用于植物的分类研究，而且可以在多年以后，特别是在材料出现混杂的情况下，作为原始样本用以核对。

## 第四节　植物种质资源的保存

植物种质资源是培育新品种的重要原始资料，是可持续发展和生物多样性保护的基础，它们是经过长期进化而来的，一旦失去就不能恢复。只有做好种质资源保存工作，才能为育种准备原始材料，为生产提供优良品种。

## 一、植物种质资源的保存方式

植物种质资源保存（Conservation of plant resources）是指通过人为的技术措施保护植物种质资源，使其不至于流失或灭绝。种质资源的保存可以按照保存的地理位置划分为原生境保存（In situ conservation）和非原生境保存（Ex situ conservation）两大类。原生境保存是指利用保护植物原来所处的自然生态环境来保护植物种质，如建立自然保护区和自然公园等。非原生境保存是将种子或植株保存于该种质资源原产地以外的地区，如植物园、田间种质圃、种子库和离体保存库等。目前，自然保护区、自然公园、植物园、种质资源圃等设施都在很大程度上受自然条件的限制，而且面临着人类和自然灾害的严重威胁。因此，需要发展一些容量大、技术先进、安全有效的方法，如建立植物 DNA 库来保存植物种质资源。

## 二、建立植物 DNA 库的必要性

### （一）生物多样性保护的需要

面对自然条件的限制以及人类和自然灾害对植物种质资源的严重威胁，我们必须发展一些容量大、技术先进、安全有效的方法，实现植物种质资源的有效保存。保存种子虽然是一种很有效的方法，但是目前基于低温种子库保存的绝大多数是栽培植物的种子，数量上占绝对优势的野生植物的种质资源尚未实行种子保存。例如，我国拥有32800余种高等植物，而国家种质资源库保存的种子分属于30种174属600种，仅占高等植物总数的1.83%。随着世界低温库的发展和将来超干燥保存技术的投入应用，以种子形式保存种质资源的植物种类会有所增加，但仍会是种子植物王国中的一小部分，况且还有顽拗型种子和低等植物如苔藓类、藻类、蕨类等种植资源保存的问题。当代学者认为，建立DNA库是拯救和保护植物资源的一条最为快速有效的途径，DNA库以前所未有的巨大容量在生物多样性保护中发挥作用。

### （二）生物技术发展的需要

随着生物技术的飞速发展，基因库资源的横向利用越来越受到人们的重视，通过基因横向转移创造的不仅是新品种、新类型，甚至是新物种，可以超越生物种、属、族，乃至动物界的界限。生物技术的发展已把整个生物圈看作一个横向的基因库。随着人们对基因定位和重组研究的不断深入，建立DNA库将成为现代生物技术中一项十分迫切的任务。

## 三、植物DNA库的保存对象

种子植物和非种子植物的种质资源均可采用DNA库保存。对于种子植物来说，主要搜集保存以下几类基因材料：①难以搜集到的种子材料，如长期不开花或开花后难结实的植物；②虽然搜集到种子，但难以繁育更新的材料，如对生态条件要求苛刻的植物；③不能检测种子活力的材料，有的种质材料保存的种子量太少或者无适宜的活力检测方法，同时也无法预知种子的贮藏状况；④顽拗型种子植物；⑤珍稀濒危植物；⑥核心样品材料；⑦基因工程的中间材料。我国分布的植物资源种类繁多，物种丰富，绝大多数种质资源处于野生状态，包含着极其丰富的遗传多样性，它们的多样性急需得到保护。建立完备的植物 DNA 库是进行种质资源保存的重要渠道之一。通过种质的离体保存，打破了植物生长季节的限制，节省了贮存空间，并且便于运输和交流，很好地实现了种质长期保存的目的；同时，也为保护植物遗传多样性及长期稳定地利用植物生产更多的产品提供了可能，保证了种质资源的优良性和遗传稳定性，为植物遗传性的改良和系统发育研究提供了样品。

# 第二章
# 中国野生菰种质资源调查

菰（*Zizania latifolia*）为水稻的近缘属，系禾本科，稻亚科，稻族，菰属，水生草本植物，保留了大量驯化作物所丢失的优异性状，是扩大和丰富育种基因库的理想野生资源。在我国，野生菰主要分布于东北、西南以及华东地区，绝大部分生长在长江中下游的各湿地、湖泊流域。因其极高的营养价值、生态价值、观赏价值和基因价值，受到越来越多育种工作者的重视。因而，有必要对我国野生菰种质资源进行全面调查，为该资源的进一步研究及开发利用提供物质基础。本章简单阐述了菰属植物研究概况，并对中国菰的生物学特性和生态习性以及其种质资源调查过程和结果进行了详细说明，有助于全面了解我国各地区野生菰种质资源分布及生境状况，为全国各地区野生菰种质资源的保护和利用提供一定的借鉴。

## 第一节　菰属植物研究概况

菰属（*Zizania* Linnaeus）为水稻的近缘属，系禾本科，稻亚科，稻族，菰亚族菰属，水生草本植物。菰属植物茎秆粗壮、分蘖力强，耐低温和深水，灌浆成熟快，生物产量高，籽粒品质好，抗病虫害能力极强，几乎不感染水稻的各种病虫害（如不感染稻瘟病、纹枯病、白叶枯病）。菰的这些特性对于水稻的种质改良具有实际应用价值，是扩大和丰富水稻育种基因库理想的野生资源。

## 一、起源及演化

菰属（*Zizania* Linnaeus）为水稻近缘属之一，在分类学上属于禾本科（Gramineae），稻亚科（Oryzoideae Care），稻族（Oryzeae Dum），菰亚族（Zizaniinae Honda）。菰属在全世界范围内共有 4 个种，分别为一年生的水生菰（*Zizania aquatica*）和沼生菰（*Zizania palustris*）及多年生的得克萨斯菰（*Zizania texana*）和菰（*Zizania latifolia*），除菰分布于东亚地区外，其他 3 个种均分布于北美洲。菰属是稻族中唯一一个同时分布于东亚和北美大陆之间的属，因此也被认为是东亚和北美植物区系联系的纽带之一。

对于菰属植物系统演化关系，国内外主要存在两种观点。一种观点认为菰属植物起源于东亚。例如，陈守良等根据国内外标本室材料及数年（1984～1990 年）的栽培观察比较，先后从孕花外稃表皮微形态、叶片表皮微形态、外部形态、胚形态、全草化学成分等方面对菰属植物系统及演化进行了研究，推导其演化关系为：菰属与水稻属（Oryza L.）或拟菰属（*Zizaniopsis* Doel 和 Aschers）在远古时代都可能起源于一个现已灭迹的共同祖先，而后平行向前演化。其中，菰属中菰以其多年生、花序为杂性（其他三种为单性）特征

更为原始，再结合菰孢粉外壁团状纹饰间有裂隙近似水稻等特征，证明菰在菰属中最为原始，由它分别向流水菰（又称得克萨斯菰）和水生菰演化，再由水生菰演化出沼生菰。另外一种观点则是依据分子证据认为菰属起源于北美，然后经过白令海峡扩散到东亚。

## 二、分布概况

水生菰（*Z. aquatica*）又称南部野生稻，分布于北美洲东部，从墨西哥湾到南部的大湖。沼生菰（*Z. palustris*）又称北部野生稻，呈补丁状分布于加拿大沿海省份和北部的新英格兰，穿过大湖和大草原交叉。得克萨斯菰（*Z. texana*）分布于美国得克萨斯州的圣马克斯河岸，呈狭长形分布，有10千米，目前已被美国联邦立为濒危物种。菰（*Z. latifolia*）原产于中国，现在中国、俄罗斯（东部西伯利亚和远东地区）、日本、韩国以及中南半岛各国的湖泊、池塘、水溪、河岸、沼泽、田边等地均有广泛的分布（见图2－1）。

中国野生菰资源极为丰富，在我国地理分布跨度大，从南到北均有分布。翟成凯等（2000）研究发现，中国野生菰资源非常丰富，除西藏、新疆外，其余各地均有分布，其中菰生长面积较大的水面有：南四湖（南阳、独山、昭阳、微山湖）、洪湖、太湖、洪泽湖，另外还有巢湖、高邮湖、骆马湖、石臼湖、白马湖、宝应湖、五大连池、小兴凯湖、洱湖、滇池、乌梁素海和哈素海等湖泊。在本次调查中发现，中国野生菰资源生存环境破坏严重，生物量和分布面积急剧减少，甚至多个地方野生菰居群濒临灭绝，急需相关部门采取相应措施，以利于这一水稻育种天然基因资源库的保护与利用。

图2-1 野生菰生长环境

## 三、研究价值

### （一）水生菰（*Z. aquatic*）

水生菰的颖果是本土美国人常用的食物，虽然价格较高，但因其独特的色泽、烧烤风味和品质受到广泛欢迎。它主要用于制作精细食品，如汤、食物填充剂、饭后甜点以及肉类菜肴等。据研究，这种野生稻谷子中含蛋白质12.4%～15.0%，远超过栽培稻（*Oryza sativa*）的含量（6.7%）；脂质含量0.5%～0.8%，其中约有30%是对人体健康有益的亚麻酸。

### （二）沼生菰（*Z. palustris*）

沼生菰有2个亚种：*Z. palustris* var. *palustris* 和 *Z. palustris* var. *interior*，目前只有前者具有重要的经济价值，且在当地作为传统食物已经有好几个世纪，近年来被作为特别的经济作物栽培而得到广泛食用，在超市和餐馆里随处可见。在美国主要栽培于明尼苏达州和加利福尼亚州，与水稻栽培一样管理。正因为该品种具有较高的经济效益，因而在北美的3种菰种中是研究最多的一种。

### （三）流水菰（*Z. texana*）

流水菰目前已被联邦政府立为濒危物种。Power 发现水流速度对得克萨斯菰的营养分配有着明显的影响，高流速水流能使植株拥有更高的生物量和良好的根系。

### （四）菰（*Z. Latifolia*）

中国菰的生物学特性与北美菰不同，其根、茎、叶、果都有多种用途，具有更为广阔的市场空间和经济潜力。菰在我国民间被称为茭白、茭草、蒿草、神草，少许地方又称扁担草和鞭子草。我国野生菰资源是亟待开发利用的宝库，具有广阔的应用潜力和巨大的经济价值。

#### 1. 菰米

从周朝开始，菰就已被当作粮食作物栽培，它的种子叫菰米或雕胡，不仅供帝王食用，而且是主要粮食作物六谷之一（见图2－2）。

唐代以后，随着水稻种植技术的成熟和推广，水稻开始成为人们主要的粮食作物，菰米逐渐退出人们的饭桌。此后，菰米大多只在中药药方中出现，有治疗糖尿病和胃肠道疾病等功效。近年来，翟成凯等对我国菰米作了较为深入的研究，进一步佐证了其营养价值和药用价值。

图2－2　菰米及菰穗

2. 菰草

古时人们就常收割菰草喂牲畜和作为鱼饵料，而今在我国多个地区已建立专门的菰草厂，工厂化制作菰颗粒饵料，且每年出口大量的干草到日本等地。生长在水中的菰草不仅能为鱼类提供过冬场所和饵料，还能阻滞藻类过度繁殖。同时，菰草也是优良的造纸原料，使用菰草造出的纸抗皱、抗拉性更强。

3. 茭白

当菰拔节抽穗时，如果接触到黑粉菌（*Ustilago esculenta*），菌丝就会入侵到花茎薄壁组织内，在获得营养的同时分泌一种生长素类物质（IAA），刺激薄壁组织生长使其幼茎基部膨大成柔软可食的纺锤形组织（被称作“菰手”或“茭白”），此后菰植株也就不能开花结籽（见图2－3）。由此，野生菰逐渐被培育为栽培品种——茭白（见图2－4），成为种植面积仅次于莲藕的十二种水生蔬菜之一。茭白除了美味营养可做蔬菜食用外，还有一定的保健和药用功能，深受国内南方消费者的欢迎。如果黑粉菌的毒性较强，肉质茎中产生大量黑色真菌孢子，变成不能食用的“灰茭”，待其成熟后，里面的黑色真菌孢子可作为天然化妆品使用，如用来画眉毛或染发，在国外已经申请专利。

**图2－3　菰花序自然状态**

图2－4　茭白

4. 菰根、菰叶

菰根、菰叶（见图2－5）作为中药材，具有治消渴、利小便、泻火伤之功效，可治心脏病或作利尿剂。

5. 基因

菰的生长条件和生长周期等许多习性与水稻相同或相似，同时具有多个水稻缺乏的优良性状，是水稻育种中优良性状控制基因的天然携带者，被许多育种家认为是水稻育种优异外缘基因的重要来源。近几十年间对菰的研究不断深入，结果表明，菰具有许多水稻所欠缺的优良性状，是扩大水稻基因库的良好材料，利用菰对水稻进行改良是十分有价值的。

图 2－5　菰叶

菰的形态特征是培育水稻理想株型的重要资源。菰的蛋白质含量以及必需氨基酸的含量都比水稻高：菰的蛋白质含量为12.98%，水稻品种松前的蛋白质含量为7.76%；菰的人体第一必需氨基酸——赖氨酸的含量为0.484，而水稻品种松前的这一含量为0.222。菰具有较强的抗稻瘟病的能力，几乎没有发现感病植株。近几十年间，学者们对菰的品质特性以及在水稻育种中的应用进行了详细的研究。菰为野生资源，具有水稻不具备的优良性状，对稻瘟病、纹枯病高抗，耐冷性很强，谷物蛋白质和赖氨酸含量显著高于水稻，根系强大，深水适应性强，生长和成熟速度异常快，生物产量高。水稻基因库的贫乏是影响水稻品种改良的限制因素，作物品种改良要有所突破，必须扩大基因库，最佳途径是将异源植物的优良基因转移到农作物中来。引入外源基因可以扩大和丰富水稻基因库，显著提高育种效率。菰是扩大和丰富水稻基因库的理想材料，对菰的利用可以显著提高育种效率和水稻产量及抗病性。

富威力等以栽培稻为受体、以菰为供体，通过花粉管通道法进行基因转移的研究，在受体水稻分离世代中，在抽穗期、株高、穗长、千粒重、芒性、色素和子粒蛋白质含量等性状上产生了明显的变异。20 世纪 70 年代，朴亨茂等以水稻为母本、菰为父本进行杂交，并同时授同品种水稻花粉，获得少量种子，并在分离世代获得大量的分离株。在后代材料上出现形态的剧烈变化，扩大了性状的变异幅度和范围，使遗传变异多样化，明显看到较多父本的性状表现在杂种后代上，如株型、叶形、穗形、色素和一些超亲性状、超早熟性、超晚熟性、无限营养生长性、超矮秆性、异常的分蘖规律、出叶速度、异常多的穗数和大粒性状等。杂交后代的蛋白质含量和必需氨基酸含量均显著高于水稻。粳稻糙米蛋白质含量一般在6%～8%，日本粳稻最高可达9.8%，而杂交后代糙米蛋白质含量达10.81%～12.69%，比母本松前高41.6%～65.9%。在杂交后代中还出现了氨基酸组成和必需氨基酸含量显著优于水稻同时又优于菰的材料，为水稻育种提供了优良的中间亲本。在后代中出现了一批抗病水平较高的材料，其抗病水平不仅比母本显著提高，而且和现有的抗病材料相比也有明显的提高。有些材料几乎不感染稻瘟病，可能是转入了父本菰的抗病基因，因为菰不感染稻瘟病。刘宝等通过复态授粉法首次在国际上合成水稻＋菰属间可育体细胞杂种及有性杂交渐渗系，并发现外源

DNA 导入可诱发反转录转座子激活和 DNA 甲基化变异。

## 四、菰资源的开发利用

由于菰的高营养价值和药用价值，不少国家在菰的栽培、加工和药用方面都已申请了国际专利，德温特世界创新专利索引（Derwent Innovations Index）显示，国际上在 1998 年后申请的有关菰的专利有 10 个：美国 1 个，韩国 6 个，日本 3 个。申请时间主要集中在 2002 年以后，专利主要是具有预防和治疗某些疾病作用的茭叶茶、功能食物、化妆品和药物。

### （一）北美国家对菰资源的开发利用

21 世纪以来，美国和加拿大对分布在北美洲的水生菰、沼生菰和流水菰做了大量研究和开发利用，证明北美菰具有很大的经济价值，并且形成了集种植、收获、收购、加工、批发和零售等方面的菰米工业化生产系统。北美菰米的加工包括烘烤、脱粒、过筛、分级、包装，全部机械化生产，销售系统由种植收获者、采购商、加工商、批发商、零售商构成。北美菰米作为一种营养价值高、风味独特、价格昂贵的健康食品进入粮行、饭店、宾馆、土特产商店和超级市场，还大量出口到欧洲，如法国、德国和意大利等。作为米中的阳春白雪，北美菰米的价格也比较昂贵，在美国 1991 年每磅（454g）零售价就达 10 ~ 12 美元，1979 年为 415 美元，1968 年为 1175 美元。

### （二）日本对菰资源的开发利用

日本将菰米列为叶绿素类的健康食品，即保健食品。日本东洋医学会编的《健康食品事典》（1985 年版）中有关于菰的专门章节，认为菰对高血压、糖尿病、肠胃病、肝炎等病症均有很好的疗效。经过药理研究，证明菰米对血压上升有抑制倾向，对于中风（脑血管障碍）有中等程度预防作用，还可增强机体免疫力，使激素活化，促进糖代谢等。同时，关于菰米的急性毒性试验证明，无论皮下注射或经口投予，都安全无毒。

### （三）中国对菰资源的开发利用

中国菰的生物学特性与北美菰不同，其根、茎、叶、果都有多种用途，具有更为广阔的市场空间和经济潜力。中国菰的开发应用，必须遵循科学合理、突出特色、综合利用、保持生态平衡的原则。在翟成凯等的《中国菰米的食用安全性、营养价值和资源状况研究》的成果鉴定资料的基础上，从综合利用的观点出发，认为有以下工作亟待我们研究开发：

首先，进一步调查研究中国野生菰种质资源，了解其生物学特性，探明其生物量。翟成凯等（2000）的研究发现，中国野生菰资源非常丰富，除西藏、新疆外，在全国各地湖泊、沟塘、水溪、河岸和沼泽中均有广泛分布，其中生长面积较大的水域有南四湖、洪湖、太湖、洪泽湖、巢湖、洱海、滇池、乌梁素海和哈素海等十余个湖泊。江苏植物研究所的调查同样证明了菰在我国的分布极其广泛，从海南省到黑龙江省漠河都有其踪迹。因此，有必要

“摸清家底”，对全国野生菰种质资源开展全面的调查和取样，同时记录采样区野生菰居群的详细信息，采集相关图像资料，完善野生菰基础信息资料，形成较完整的中国野生菰生境数据库，为该物种的保护和利用提供理论依据。

其次，进一步加强对菰各个营养器官（根、叶、茭白、菰米）的药理研究，提高菰资源的开发和利用。从美国、加拿大和日本的资料看来，菰的根、茎、叶或果实均有一定的医疗和营养价值。我国从一千多年前的唐朝开始，菰米和茭白就被当成药物用于治疗某些疾病。据《本草纲目》记载，菰米可治疗糖尿病和胃肠疾患。茭白在民间有催乳，治疗小儿风疮不愈、汤火灼伤、暑热腹痛、高血压、酒糟鼻、小儿心烦口渴、痢疾、黄疸肝、烦热口渴、目赤等功效。菰根、菰叶也可作为中药材，具有治消渴、利小便、泻火伤、治疗心脏病、作利尿剂等功用。目前，有关菰各部分的医疗价值仍需要进一步的临床验证和系统的药理研究。中国菰米食用安全，具有较高的蛋白质、无机盐、微量元素、B 族维生素含量，是优质蛋白质的来源。应加强对菰的营养价值的研究，使中国菰米快速走入市场，带来经济和社会效益。

再次，要因地制宜、就地取材建立和发展菰草加工业、菰草饲料业。早在 1800 年前就有“秣马甚肥”的记载，且在张子仪主编的《中国饲料》一书中，也将菰草列为重要的饲料。此外，菰草叶长且宽，坚韧而耐拉，是制作编织和造纸的良好原料，使用菰草造出的纸，抗皱性和抗拉性更强，具有极高的开发利用潜质。

最后，进行美洲菰的引种驯化。美洲菰具有米粒大、蛋白质含量高、抗逆性强、适用于机械化生产等特点，可进行引种驯化，进一步研究其生物学特性，并通过种间杂交或者生物技术对中国菰进行品种改良。

## 第二节　中国野生菰种质资源调查

### 一、调查目的及意义

菰（*Z. latifolia*）为宿根性多年生水生或沼生植物，广泛分布于亚洲东部的池塘、湖泊及沼泽中。野生菰具有结实能力，其颖果为菰米。当野生菰植株被黑粉菌（*Ustilago escullenta*）感染后，其幼茎基部膨大成柔软可食的纺锤形组织，被称作“菰手”或“茭白”。由此，野生菰逐渐被培育为栽培品种——茭白，成为种植面积仅次于莲藕的十二种水生蔬菜之一。

菰米和茭白的营养价值及部分功效在我国古代便被广泛认识。我国周朝至唐朝期间（公元前771年至公元907年），菰米被当成重要的谷物，甚至一度被奉为进献皇帝的贡品。茭白的栽培历史可追溯到1500多年前，目前已培育出100多个地方茭白品种。从唐朝开始，菰米和茭白被当成药物用于治疗一些相关疾病。据《本草纲目》记载，菰米可治疗糖尿病和胃肠疾患。近年来，翟成凯等对菰米作了较深入的研究，进一步佐证了其营养价值和药用价值。一般营养成分分析证明，中国菰米具有蛋白质含量较高，

无机盐、微量元素、B 族维生素、必需氨基酸等含量丰富，氨基酸构成合理，生物利用度高等诸多营养品质；动物实验证明，中国菰米不仅能降低高脂摄入大鼠的血脂水平，减缓动脉粥样硬化和脂肪肝形成，提高抗氧化活性，改善动脉粥样硬化的炎性状态，还可以降低胰岛素抵抗大鼠血糖、胰岛素及游离脂肪酸的水平，增强胰岛素信号的转导作用，从而改善机体胰岛素的敏感性。

菰的生长习性与水稻有很多相似之处，而且菰具有现代水稻栽培品种所需要的许多优良性状，如不感稻瘟病、纹枯病和白叶枯病；茎秆粗壮、分蘖力强，耐低温和深水，灌浆成熟快；籽粒品质好、生物产量高等。菰的这些特性对于水稻的种质改良具有重要的实际应用价值，是扩大和丰富水稻基因源的理想野生资源。

菰本身具有很高的营养价值、食用价值、生态价值、药用价值、基因价值，且抗逆性和抗病性都很强。野生菰基因资源的挖掘和利用的前景十分广阔，近年来也有许多研究学者以野生菰作为水稻遗传改良的材料来源。

我国野生菰植物资源非常丰富，且因海拔、环境等自然环境方面差异较大，呈现较丰富的遗传多样性。现有的文献资料对于中国野生菰的生长状况、居群特征、生境等各个方面并没有详细的记载。加之近几年环境破坏严重、人为砍伐圈湖养鱼、城市现代化建设等方面的影响，中国野生菰资源大面积消失，其分布地区和范围发生了非常大的变化。因此，必须加快开展野生菰种质资源的调查工作，以期完善我国野生菰种质资源基础信息资料，为该物种的保护、种质利用提供依据。

## 二、调查地点及路线

野生菰调查地点的选择从两方面来确定。一方面，查阅前人相关书籍或文献，对于文献中提到的有野生菰分布的区域定为本次调查的地点。另一方面，针对一些前人未曾涉足，但气候、生态环境等方面均适宜野生菰生长的地区进行调查。调查地点沿中国十大流域（见图2－6）（珠江流域、长江流域、诸国际河流、浙闽台诸河流域、淮河流域、黄河流域、内流区诸河流域、海河流域、黑龙江流域、辽河流域）沿线的湖泊、湿地、沼泽等适宜野生

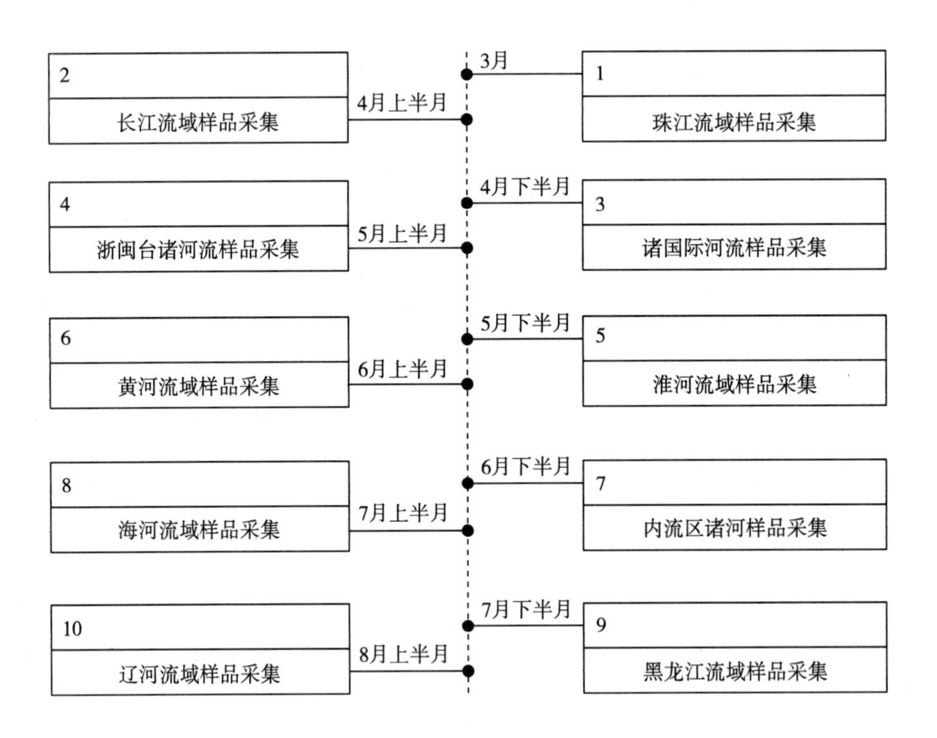


图2－6　野生菰调查流域

菰生长的地方进行选择。从图 2－7 可以看出，本次调查路线及所覆盖行政区域涉及全国 21 个省（黑龙江省、吉林省、辽宁省、河北省、山西省、浙江省、江苏省、安徽省、山东省、福建省、江西省、湖南省、湖北省、河南省、广东省、海南省、四川省、云南省、贵州省、青海省、陕西省）、4 个直辖市（北京市、上海市、天津市、重庆市）和 3 个自治区（内蒙古自治区、广西壮族自治区、宁夏回族自治区）。

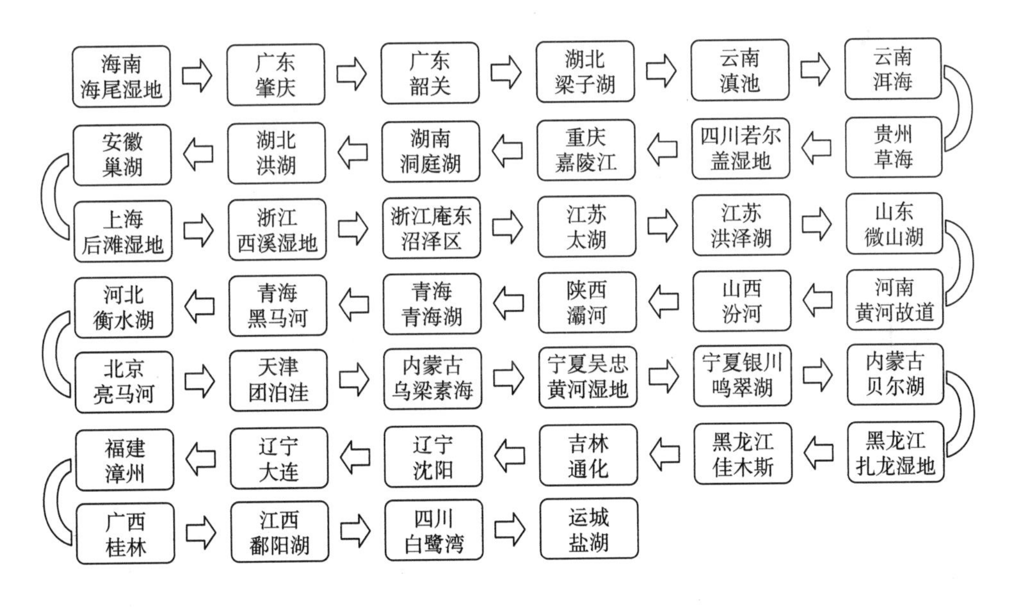


**图 2－7　40 个野生菰调查点及路线**

## 三、调查前的准备工作及调查内容

### （一）调查前的准备工作

在开始长期野外调查前，必须要准备调研所需物品，如针对野生菰种质资源调查需要，在出发前需准备的工具及药品包括叶面积测量仪、CPS定位仪、剪刀、胶皮手套、半身下水裤、雨鞋、雨披、相机、标签纸、塑封袋、保温箱、常备药品、驱蚊驱虫喷雾及防晒用品等。

因本次调查需采集各地区野生菰叶片样本用于后期的DNA库建立及遗传多样性和遗传结构研究，故采购硅胶干燥剂，用于快速干燥叶片。这里要注意的是，由于需长期开展野外调研，为避免硅胶干燥剂不足的情况，最好选择可重复使用的变色硅胶。当其吸收叶面中的水分后颜色由蓝色变为淡粉色，若要重复使用，可将其放置在烘箱内，温度设置105℃，烘30分钟以上即可变为蓝色，在没有烘箱的情况下可用吹风机代替。

进行野生菰种质资源调查时，需详细记录观察内容，特别设计了野生菰调查登记表（见表2－1），对调查地的种质生境信息（地理位置、水土状况、气候条件、生态条件）和资源本身的信息（种质类别、种质来源、种质编号、利用价值、利用情况、植物学特征、生物学特性）以及相关影响资料等进行详细记载。此外，还需准备GPS仪用以精确定位各个调查点的经度、纬度及海拔；准备浙江托普仪器有限公司的YMJ型号叶面积测量仪（专测狭长叶片），测量所采集样本的叶长、叶宽、面积、周长、长宽比、形状因子；准备卷尺来测量株高数据。

**表2－1　野生菰调查登记表**

采集区：____________________________________________；

居群编号：______________采集样本数：__________________；

采集日期：__________年__________月__________日；

采集地点：________省________市________县________镇________村；

经度：______________纬度：______________海拔：______________；

当地别称：__________________用途：（食用/观赏）________________；

伴生物种：__________________________________________________；

生境：（河边，水沟，水池，湿地，沼泽）__________________________；

土壤类型：（红壤，黄壤，砂壤，棕壤，紫壤，腐殖土，其他）________；

土质状况：__________________________________________________；

水质情况：__________________________________________________；

影响因子：__________________________________________________；

居群面积：________________；单位平方米植株个数：______________；

群居状况：__________________________________________________；

其他描述：__________________________________________________。

### （二）调查内容

在对采集区野生菰居群调查时，首先，使用天宝公司3E型号的GPS精确定位居群的经度、纬度及海拔，并将该居群的生境、土壤类型、主要伴生物种、群居状况等记录在调查登记表（见表2－1）上；其次，利用浙江托普仪器有限公司的YMJ型号叶面积测量仪（专测狭长叶片），对能代表该居群的整体表型特征的3～5株样本的叶长、叶宽、面积、周长、长宽比、形状因子进行测量，并利用卷尺测量株高（要求测量单株的叶片完整，无明显缺陷和病虫害影响），并将测量结果记录于表2－2；再次，采集该居群单株样本置于装有变色硅胶的塑封袋中进行叶片干燥，所采集单株之间至少间隔10米，以避免采到同一单株，影响后期的遗传多样性及遗传结构的研究。最后，用数码相机对野生菰居群进行拍照记录。

## 四、调查结果及分析

### （一）调查结果

本次调查共在全国范围内设置了40个野生菰调查点，覆盖中国十大流域，涉及的行政区域有21个省、4个直辖市和3个自治区。对各个湖区均进行绕湖一周调查，对城市则进行拉网式搜寻，以期对我国野生菰资源进行全面调查及样本搜集。从调查结果来看，有15个调查点未发现野生菰踪迹：海尾湿地、西江流域肇庆、若尔盖湿地、郑州黄河故道湿地、汾河、灞河、青海湖、黑马河、衡水湖、团泊洼、贝尔湖、乌梁素海、鸣翠湖、吴忠湿地公园和运城盐湖；25个调查点有野生菰分布：北京、大连、沈阳、齐齐哈尔、佳木斯、通化、枣庄、上海、慈溪、杭州、漳州、韶关、桂林、草海、成都、重庆、昆明、洪泽湖、太湖、巢湖、鄱阳湖、梁子湖、洞庭湖、洱海及洪湖。野生菰集中大面积分布于鄱阳湖、洞庭湖、太湖、洪泽湖、巢湖、梁子湖、洱海及江浙地区，城市调查区仅有10～30$m^2$的小面积零星分布，北方地区除北京和东北尚有少量野生菰居群分布外，其余地区已难觅踪迹。

### （二）原因分析

分析野生菰生境不断丧失，多个调查区菰资源濒临灭绝的原因，可主要概括为自然因素和人为因素两方面。自然因素主要影响湖泊的蒸发量、入湖水量、出湖水量以及植被的生长条件，因菰极强的抗逆性与繁殖力，该因素对菰的分布影响有限。人为因素包括人口、经济发展、城镇化的进程、人为控制因素等，被认为是影响野生菰生存和发展的决定性因素。

**表 2－2 野生菰表型登记表**

| 株高 | 叶长 | 叶宽 | 长宽比 | 周长 | 面积 | S 因子 |
|---|---|---|---|---|---|---|
| | | | | | | |
| | | | | | | |
| | | | | | | |
| | | | | | | |
| | | | | | | |
| | | | | | | |
| | | | | | | |
| | | | | | | |
| | | | | | | |
| | | | | | | |

湖泊作为地球上重要的淡水资源库、洪水调蓄库和物种基因库，更是野生菰赖以生存的家园，从近年来湖泊湿地数量和面积的变化可侧面反映出野生菰生境丧失的严重程度。近几十年来，受人多地少和对湖泊功能认识不足等因素的影响，湖泊被大量不合理围垦，造成湖泊面积急剧减少，野生菰生境不断丧失。据不完全统计，20 世纪 40 年代末以来，长江大通以上中下游地区有超过 1/3 的湖泊面积被围垦，围垦总面积超过 13000 平方千米，这一数字约相当于 2010 年五大淡水湖面积总和的 1.3 倍，因围垦而消亡的湖泊达 1000

余个。太湖流域已建圩湖泊达 498 个，受围垦的湖泊 239 个，减少湖泊面积约 529 平方千米；因围垦而消亡的湖泊 165 个，占该区原有湖泊数量的 23. 3%。大通水文站以上长江中游地区的湖泊面积由 20 世纪 50 年代初的 17198 平方千米，减少到现在的不足 6600 平方千米，约 2/3 的湖泊因围垦而消失。其中，洞庭湖因围垦，湖泊面积已由新中国成立初期的 4350 平方千米急剧缩小至 2006 年的 2625 平方千米；鄱阳湖面积也由 1949 年的 5200 平方千米减少到 2006 年的 2933 平方千米。号称“千湖之省”的湖北省，在 20 世纪 50 年代末共计有湖泊 1066 个，至 80 年代初剩约 309 个，2006 年，面积大于 1 平方千米的湖泊仅剩 181 个，大于 10 平方千米的湖泊仅剩 44 个（不包括长江干流人工改道形成的水域）。

乌梁素海湿地总面积 300 平方千米，位于我国内蒙古自治区巴彦悼尔市乌拉特前旗境内黄河河套平原的末端，是黄河内蒙古段最大的湖泊湿地，也是中国八大淡水湖之一，素有“塞外明珠”的美誉。在翟成凯 2000 年发表的“中国菰资源及其应用价值的研究”一文中明确提到该地有野生菰分布，但现在该地区已然完全成为芦苇的天堂。其原因便是人为因素造成乌梁素海湿地水质恶化，水体富营养程度严重，由此引起泥沙淤积、植被退化、动物栖息地丧失。当前的水体富营养化主要是指伴随着经济发展所产生的各种生产和生活废水进入水体后超过其接纳能力进而导致水质恶化的人为富营养化。改变乌梁素海水质的主要人为因素就是过多、过快和过高地向乌梁素海排放工业废水、城市生活污水和灌区农田退水等，造成水体污染负荷过高，加之没有足够的引水量对湖区水质进行稀释，造成污染物、矿物盐逐渐在湖区水体富集，超过了乌梁素海的自净

能力，最终乌梁素海水质恶化，水生植被生存环境遭到破坏。此外，内蒙古自治区河套灌区是典型的以农业发展为主的经济区，乌梁素海流域是河套灌区重要的芦苇生产加工基地，芦苇面积约占整个湖面的50%以上，主要分布在湖的北部、中部和西岸，是灌区造纸厂的原料基地。从1990年开始，这里大量人工种植芦苇，使芦苇成为该地区绝对的优势种群，且面积逐年缓慢增加，从而导致野生菰等挺水植物逐步减少甚至灭绝。

除西部内陆流域一些封闭型湖泊外，我国大部分湖泊都与江湖流域有着自然的水力联系，在维系江湖水生生态系统稳定和生物多样性等方面发挥着重要作用。然而，自20世纪50年代以来，人为修闸建堤等水利工程建设和围垦活动加剧，使绝大多数湖泊成为阻隔湖泊。长江中下游地区涉及长江、鄱阳湖、洞庭湖、巢湖等主要河流和湖泊，是野生菰分布面积最大且分布最为集中的地区，2015年仅有洞庭湖、鄱阳湖和石臼湖三个湖泊自然通江。据调查，20世纪50年代末到2010年，长江中游地区江湖阻隔加速，因围垦和淤积而消失的湖泊达97个，损失湖泊面积超过542平方千米，湖泊水面萎缩损失面积不断加大，大部分湖泊面积萎缩率超过30%，有些湖泊面积萎缩甚至达70%以上。此外，该区域内湿地面积达2.8万平方千米，占全国湿地总面积的8.3%。从陈凤先等对长江中下游湿地变化趋势的研究结果可知，2000~2010年，长江中下游自然湿地萎缩严重，其中洞庭湖水域面积下降63.4平方千米，降幅为11.9%；鄱阳湖水域面积下降176.3平方千米，降幅为13.4%。研究应用CLUE－S模型对该区域未来5~10年的湿地发展变化趋势做出预测，推测2010~2020年，长江中下游湿地面积将从2.84万平方千米下降至2.68万平方千米，减幅5.66%；2020～2030年，其面积进一步减少至2.53万平方千米，减幅5.41%，即使在加强保护和改善的情况下，湿地面积持续减少的趋势也无法遏制。

徐凤娇等于2014年发表的“中国、沼泽湿地的空间分布特征及其变化”一文中根据《中国湖泊志》和《中国沼泽志》的历史数据，运用遥感技术获取2008年中国湖沼湿地现状数据，以ArcGIS为基础平台，采用具有代表性的简单随机抽样方法，对全国湖沼湿地进行随机抽样，得出的100个抽样湖沼湿地的区域变化（见表2－3），从中可以看出，全国湖沼湿地均呈现萎缩、消失的趋势。

**表2－3　1994～2008年中国湖泊湿地数据**

| 序号 | 分区 | 省份 | 名称 | 类型 | 1994年（平方千米） | 2008年（平方千米） | 变化（平方千米） | 变化类型 |
|---|---|---|---|---|---|---|---|---|
| 1 | 东北山地与平原地区 | 黑龙江 | 老等泡 | 湖泊 | 14.00 | 0.00 | －14.00 | 消失 |
| 2 | | 黑龙江 | 南山湖 | 湖泊 | 43.00 | 18.72 | －24.28 | 萎缩 |
| 3 | | 黑龙江 | 老槽河沼泽 | 沼泽 | 218.75 | 0.00 | －218.75 | 消失 |
| 4 | | 黑龙江 | 别拉洪河沼泽 | 沼泽 | 642.75 | 262.13 | －380.62 | 萎缩 |
| 5 | | 黑龙江 | 浓江－沃绿兰河（洪河）沼泽 | 沼泽 | 482.00 | 438.30 | －43.70 | 萎缩 |
| 6 | | 黑龙江 | 兴凯湖 | 湖泊 | 1080.00 | 1076.16 | －3.84 | 稳定萎缩 |
| 7 | | 吉林 | 张家泡 | 湖泊 | 10.00 | 1.82 | －8.18 | 萎缩 |
| 8 | | 吉林 | 太平川沼泽 | 沼泽 | 832.00 | 461.27 | －370.73 | 萎缩 |
| 9 | | 吉林 | 月亮泡 | 湖泊 | 206.00 | 98.89 | －107.11 | 萎缩 |
| 10 | | 吉林 | 白头山天池 | 湖泊 | 9.82 | 3.55 | －6.27 | 萎缩 |
| 11 | | 辽宁 | 鸭绿江河口沼泽 | 沼泽 | 61.50 | 0.00 | －61.50 | 消失 |

续表

| 序号 | 分区 | 省份 | 名称 | 类型 | 1994年（平方千米） | 2008年（平方千米） | 变化（平方千米） | 变化类型 |
|---|---|---|---|---|---|---|---|---|
| 12 | 东部平原地区 | 河北 | 衡水湖 | 湖泊 | 75.00 | 0.00 | -75.00 | 消失 |
| 13 | | 河北 | 四人洼沼泽 | 沼泽 | 91.20 | 89.35 | -1.85 | 稳定萎缩 |
| 14 | | 河南 | 宿鸭湖沼泽 | 沼泽 | 87.50 | 0.00 | -87.50 | 消失 |
| 15 | | 山东 | 大沽河河口沼泽 | 沼泽 | 23.00 | 2.91 | -20.09 | 萎缩 |
| 16 | | 安徽 | 女山湖 | 沼泽 | 104.60 | 7.71 | -96.89 | 萎缩 |
| 17 | | 安徽 | 菜子湖 | 湖泊 | 172.10 | 0.00 | -172.10 | 消失 |
| 18 | | 安徽 | 龙感湖 | 湖泊 | 316.20 | 180.81 | -135.39 | 萎缩 |
| 19 | | 江苏 | 骆马湖 | 湖泊 | 260.00 | 0.00 | -260.00 | 消失 |
| 20 | | 江苏 | 盐城地区沼泽 | 沼泽 | 80.00 | 2.91 | -77.09 | 萎缩 |
| 21 | | 江苏 | 太湖 | 湖泊 | 2425.00 | 2182.40 | -242.60 | 萎缩 |
| 22 | | 湖北 | 汉阳洪泛区沼泽 | 沼泽 | 62.19 | 11.05 | -51.14 | 萎缩 |
| 23 | | 湖北 | 涨渡湖 | 湖泊 | 35.20 | 0.00 | -35.20 | 消失 |
| 24 | | 湖北 | 豹解湖 | 湖泊 | 25.80 | 18.28 | -7.52 | 萎缩 |
| 25 | | 湖北 | 鸭儿湖 | 湖泊 | 18.00 | 6.02 | -11.98 | 萎缩 |
| 26 | | 湖北 | 汉阳东湖 | 湖泊 | 34.40 | 21.34 | -13.06 | 萎缩 |
| 27 | | 湖南 | 大通湖 | 湖泊 | 114.20 | 83.65 | -30.55 | 萎缩 |
| 28 | | 湖南 | 黄盖湖 | 沼泽 | 86.00 | 58.69 | -27.31 | 萎缩 |
| 29 | | 湖南 | 洞庭湖地区沼泽 | 沼泽 | 820.00 | 637.78 | -128.22 | 萎缩 |
| 30 | | 湖南 | 安乐湖 | 湖泊 | 30.00 | 0.00 | -30.00 | 消失 |
| 31 | | 江西 | 军山湖 | 湖泊 | 192.50 | 8.02 | -184.48 | 萎缩 |
| 32 | | 江西 | 太泊湖 | 湖泊 | 20.70 | 0.00 | -20.70 | 消失 |
| 33 | | 江西 | 七里湖 | 湖泊 | 16.24 | 15.21 | -1.03 | 萎缩 |

续表

| 序号 | 分区 | 省份 | 名称 | 类型 | 1994 年（平方千米） | 2008 年（平方千米） | 变化（平方千米） | 变化类型 |
|---|---|---|---|---|---|---|---|---|
| 34 | 蒙古高原地区 | 内蒙古 | 古尔乃湖 | 湖泊 | 42.00 | 0.00 | -42.00 | 消失 |
| 35 | | 内蒙古 | 居延海盐湖 | 沼泽 | 330.00 | 21.16 | -308.84 | 萎缩 |
| 36 | | 内蒙古 | 乌梁素海 | 湖泊 | 233.00 | 97.17 | -135.83 | 萎缩 |
| 37 | | 新疆 | 萨利吉勒干南库勒 | 湖泊 | 46.90 | 70.56 | 23.66 | 扩张 |
| 38 | | 新疆 | 罗布泊 | 湖泊 | 5350.00 | 0.00 | -5350.00 | 消失 |
| 39 | | 新疆 | 博斯腾湖 | 湖泊 | 992.20 | 985.31 | -6.89 | 稳定萎缩 |
| 40 | | 新疆 | 石河子总场—分厂沼泽 | 沼泽 | 27.60 | 2.78 | -24.82 | 萎缩 |
| 41 | | 新疆 | 艾比湖东部湖滨沼泽 | 沼泽 | 259.72 | 48.81 | -210.91 | 萎缩 |
| 42 | | 新疆 | 大河沿子湖—博尔塔拉河河滩沼泽 | 沼泽 | 42.80 | 32.84 | -9.96 | 萎缩 |
| 43 | | 新疆 | 小青格里河玉什库勒沼泽 | 沼泽 | 11.80 | 10.62 | -1.18 | 萎缩 |
| 44 | | 陕西 | 花马诸池 | 湖泊 | 11.40 | 6.84 | -4.56 | 萎缩 |
| 45 | | 甘肃 | 文县诸池 | 湖泊 | 0.88 | 0.00 | -0.88 | 消失 |
| 46 | | 甘肃 | 尼玛曲果果芒沼泽 | 沼泽 | 18.25 | 36.91 | 18.66 | 扩张 |
| 47 | 青藏高原地区 | 青海 | 确莫错 | 湖泊 | 86.40 | 84.92 | -1.48 | 稳定萎缩 |
| 48 | | 青海 | 星宿海、扎陵与鄂陵湖区沼泽 | 沼泽 | 3050.00 | 2734.93 | -315.07 | 萎缩 |
| 49 | | 青海 | 豌豆湖 | 湖泊 | 17.90 | 19.83 | 1.93 | 扩张 |
| 50 | | 青海 | 苦海 | 湖泊 | 44.40 | 47.45 | 3.05 | 扩张 |
| 51 | | 青海 | 冬给错纳湖 | 湖泊 | 232.20 | 23.23 | -0.97 | 稳定萎缩 |
| 52 | | 青海 | 昆特依干盐湖 | 湖泊 | 16.70 | 0.00 | -16.70 | 消失 |
| 53 | | 青海 | 黑河、托莱河河源区沼泽 | 沼泽 | 450.00 | 65.22 | -384.78 | 萎缩 |
| 54 | | 西藏 | 仁错贡玛 | 湖泊 | 103.70 | 135.20 | 31.50 | 扩张 |
| 55 | | 西藏 | 巴纠错 | 湖泊 | 45.50 | 32.40 | -13.10 | 萎缩 |
| 56 | | 西藏 | 羊卓雍错 | 湖泊 | 638.00 | 615.72 | -22.28 | 稳定萎缩 |
| 57 | | 西藏 | 错卧莫 | 湖泊 | 22.10 | 21.82 | -0.28 | 稳定萎缩 |
| 58 | | 西藏 | 永珠藏布江中游沼泽 | 沼泽 | 315.00 | 327.18 | 12.18 | 稳定萎缩 |

续表

| 序号 | 分区 | 省份 | 名称 | 类型 | 1994年(平方千米) | 2008年(平方千米) | 变化(平方千米) | 变化类型 |
|---|---|---|---|---|---|---|---|---|
| 59 | 青藏高原地区 | 西藏 | 班戈东北部湖区群区沼泽 | 沼泽 | 1116.00 | 703.70 | -412.30 | 萎缩 |
| 60 | | 西藏 | 崩错 | 湖泊 | 141.30 | 144.01 | 2.71 | 稳定萎缩 |
| 61 | | 西藏 | 乃日平错 | 湖泊 | 69.60 | 91.97 | 22.37 | 扩张 |
| 62 | | 西藏 | 姆错丙尼 | 湖泊 | 142.20 | 150.28 | 4.08 | 稳定萎缩 |
| 63 | | 西藏 | 江错 | 湖泊 | 36.10 | 42.08 | 5.98 | 扩张 |
| 64 | | 西藏 | 齐格错 | 湖泊 | 20.30 | 17.96 | -2.34 | 萎缩 |
| 65 | | 西藏 | 麦穷错 | 湖泊 | 62.30 | 66.60 | 4.30 | 扩张 |
| 66 | | 西藏 | 兹格塘错 | 湖泊 | 191.40 | 230.97 | 39.57 | 扩张 |
| 67 | | 西藏 | 嘎拉错 | 湖泊 | 26.60 | 0.00 | -26.60 | 消失 |
| 68 | | 西藏 | 拉昂错 | 湖泊 | 268.50 | 245.78 | -13.72 | 萎缩 |
| 69 | | 西藏 | 甲热布错沼泽 | 沼泽 | 99.90 | 10.15 | -88.85 | 萎缩 |
| 70 | | 西藏 | 甲热布错 | 湖泊 | 36.40 | 48.26 | 11.86 | 扩张 |
| 71 | | 西藏 | 昂拉仁错 | 湖泊 | 512.70 | 497.78 | -14.92 | 稳定萎缩 |
| 72 | | 西藏 | 拉果错东南沼泽 | 沼泽 | 180.00 | 12.46 | -167.54 | 萎缩 |
| 73 | | 西藏 | 扎西错 | 湖泊 | 47.20 | 48.23 | 1.03 | 稳定萎缩 |
| 74 | | 西藏 | 果普错 | 湖泊 | 62.30 | 59.23 | -3.07 | 稳定萎缩 |
| 75 | | 西藏 | 洞错沼泽 | 沼泽 | 423.00 | 275.96 | -147.04 | 萎缩 |
| 76 | | 西藏 | 仓木错沼泽 | 沼泽 | 216.00 | 108.78 | -107.22 | 萎缩 |
| 77 | | 西藏 | 北雷错 | 湖泊 | 21.80 | 27.53 | 5.73 | 扩张 |
| 78 | | 西藏 | 扎木错马琼 | 湖泊 | 18.10 | 27.26 | 9.16 | 扩张 |
| 79 | | 西藏 | 依布茶卡 | 湖泊 | 88.00 | 176.08 | 88.08 | 扩张 |
| 80 | | 西藏 | 扎仓茶卡沼泽 | 沼泽 | 441.00 | 37.18 | -403.82 | 萎缩 |
| 81 | | 西藏 | 令戈错 | 湖泊 | 95.60 | 123.82 | 28.22 | 扩张 |
| 82 | | 西藏 | 太平湖 | 湖泊 | 19.80 | 26.51 | 6.71 | 扩张 |
| 83 | | 西藏 | 东月湖 | 湖泊 | 28.00 | 26.89 | -1.11 | 稳定萎缩 |
| 84 | | 西藏 | 白滩湖 | 湖泊 | 15.70 | 21.43 | 5.73 | 扩张 |
| 85 | | 西藏 | 扎普西沼泽 | 沼泽 | 252.00 | 33.39 | -218.61 | 萎缩 |
| 86 | | 西藏 | 鲁马江冬错 | 湖泊 | 324.80 | 368.08 | 43.28 | 扩张 |
| 87 | | 西藏 | 江尼茶卡 | 湖泊 | 38.50 | 88.12 | 49.62 | 扩张 |

续表

| 序号 | 分区 | 省份 | 名称 | 类型 | 1994 年（平方千米） | 2008 年（平方千米） | 变化（平方千米） | 变化类型 |
|---|---|---|---|---|---|---|---|---|
| 88 | 青藏高原地区 | 西藏 | 芒错 | 湖泊 | 12.40 | 13.02 | 0.62 | 扩张 |
| 89 | | 西藏 | 涌波错 | 湖泊 | 56.10 | 61.79 | 5.59 | 扩张 |
| 90 | | 西藏 | 美马错沼泽 | 沼泽 | 99.00 | 0.00 | -99.00 | 消失 |
| 91 | | 西藏 | 振泉湖 | 湖泊 | 45.40 | 82.17 | 39.77 | 扩张 |
| 92 | | 西藏 | 银波湖 | 湖泊 | 30.40 | 44.75 | 14.35 | 扩张 |
| 93 | | 四川 | 班佑沼泽 | 沼泽 | 70.13 | 36.33 | -33.80 | 萎缩 |
| 94 | 云贵高原地区 | 云南 | 程海 | 湖泊 | 77.22 | 74.78 | -2.44 | 稳定萎缩 |
| 95 | | 云南 | 纳帕海沼泽 | 沼泽 | 48.00 | 18.49 | -29.51 | 萎缩 |
| 96 | | 贵州 | 草海 | 湖泊 | 25.00 | 20.26 | -4.74 | 萎缩 |
| 97 | 华南沿海地区 | 福建 | 东山湾与旧镇湾沼泽 | 沼泽 | 214.00 | 0.00 | -214.00 | 消失 |
| 98 | | 广东 | 珠江口沼泽 | 沼泽 | 429.00 | 1.09 | -427.91 | 萎缩 |
| 99 | | 广西 | 钦州湾地区沼泽 | 沼泽 | 210.00 | 0.00 | -210.00 | 消失 |
| 100 | | 台湾 | 恒春半岛湖区沼泽 | 沼泽 | 3.25 | 0.00 | -3.25 | 消失 |

湖泊湿地是野生菰赖以生存的栖息地。而今，江湖阻隔、湖面萎缩、湿地丧失和生态破坏严重，造成全国范围内野生菰的分布面积急剧减少，多个地区野生菰踪迹消失甚至灭绝。相关部门应采取相应措施，以利于这一水稻育种天然基因资源库的保护与利用。

## 五、野生菰资源保护策略

### （一）加强野生菰的研究与管理工作

加强野生菰的研究与管理，对野生菰资源除了进行生态学和生物学方面的研究，还应该加强保护生物学和保护遗传学等方面的研

究，针对实际情况开展就地保护措施，加强对中国野生菰基因库的研究，保持种源品系。加强野生菰产业化建设，包括野生菰资源保护、生境改良与管理和产品开发。野生菰资源的合理利用，要求在考虑其经济效益的同时，更多关注其生态效益。野生菰居群的生存发展与人类活动、环境变化密切相关。当前生态环境日益恶化，湖泊、河流、湿地等的生态调节功能下降，野生菰资源大面积消亡。这种现象大多是人们不合理的开发利用造成的。因而，我们需要采取有效的方法来保护野生菰资源，使其得到合理的利用与可持续发展。一方面，要重视野生菰资源的保护和研究，对其种质资源进行调查分析，了解和掌握野生菰居群情况，有利于中国野生菰种质资源的保护和核心种质资源库的建立。另一方面，开展野生菰居群遗传多样性研究工作。近 20 年来，在保护生物学研究和实践过程中，人们逐渐将遗传学的原理和方法运用到生物多样性的研究和保护当中。在生物多样性的三个主要层次中，遗传多样性是生物体内决定性状和组合多样性的因子，是物种多样性和生态系统多样性的基础。物种的遗传多样性决定了其对复杂多变环境的适应能力。了解掌握一个重要物种的遗传多样性、基因流等遗传信息对于该物种的合理利用及保护策略的提出具有重要的意义。遗传多样性现已逐渐成为分析物种生存状况与变化趋势、生物资源质量、群体分化动态的一项重要指标。对遗传多样性的研究有助于人们更清醒地认识生物多样性的起源和进化，尤其能加深人们对微观进化的认识，为植物的分类、进化研究提供有益的资料，进而为育种和遗传改良奠定基础。

### （二）保护野生菰赖以生存的环境

湖沼湿地是地球上重要的淡水资源库、洪水调蓄库和物种基因库，更是野生菰赖以生存的家园，保护野生菰最重要的便是保护其赖以生存的环境。

保护湖沼湿地必须从根本上协调经济社会发展与生态环境保护之间的关系，从区域产业绿色升级、城镇化建设边界合理控制、以生态红线控制开发强度和规模、以资源环境承载力优化生产力布局等方面着手推进湖沼湿地系统的保护。主要包括以下三个方面：一是统筹规划区域产业发展，将当前重型化、粗放式的产业类型和发展方式向绿色化、集约化方向转变，以开发强度及用地效益为指标，提升产业层次，提高土地利用效益。二是规定生态保护红线和城镇化建设边界，严格限制城镇建设用地无限扩张。建议有条件的地区进行湖沼湿地普查，确定湖沼湿地总量红线，一经设定，在无法律依据的情况下，任何开发建设项目均不可触碰。三是加强湖沼湿地质量保护工作，严格控制“以劣补优”、以土地用途变更为手段降低湖沼湿地质量。

### （三）加强法制管理，提高人们的生态保护意识

21 世纪以来，植物保护理念的普及力度还很薄弱，对保护野生物种的教育和宣传仍然处于较落后的状态，造成人们的环保意识薄弱，人们在湿地湖泊上胡乱采摘砍伐野生植物、任意敞放牲畜践踏。今后应加大对野生植物保护的宣传力度，科普野生菰的价值及相关知识，避免人们将其当杂草除之，让该地区村民了解保护野生菰种质资源的重要性，提高全民的保护意识。同时，各地区各部门都应加强管理，在湿地湖边多立宣传牌和警告牌。

# 第三章 长江中下游各湖区菰资源调查概况

通过本次调查可知，我国野生菰资源主要集中大面积分布于长江中下游各大淡水湖区——鄱阳湖、洞庭湖、太湖、洪泽湖、巢湖、梁子湖等，五大淡水湖地处长江和淮河中下游，湖泊面积约10349平方千米，占江淮中下游湖泊总面积的50%以上，占全国淡水湖泊总面积的37.3%，再加上梁子湖，组成全国野生菰主要生存区域。本章分别对各湖区地理信息概况和调查结果进行了详细说明，为该地区野生菰资源的进一步开发利用和保护提供借鉴。

## 第一节　鄱阳湖野生菰种质资源调查

鄱阳湖地处江西省，是中国最大的淡水湖，堪称聚宝库。从生态功能来看，鄱阳湖在中国长江流域的调蓄洪水和保护生物多样性等方面发挥着巨大的功能，也是世界自然基金会划定的全球重要生态区之一，对维系区域和国家生态安全具有重要作用。从经济发展来看，鄱阳湖生态经济区是长江中下游经济区的三大组成区域之一，构建环鄱阳湖城市群和生态经济区有利于实现江西在中部地区的崛起，是华中经济圈发展和中部崛起的重要支撑区和新型工业化与城市化的示范区。

鄱阳湖湿地生物多样性十分丰富，是一个巨大的种质基因库。根据现有鄱阳湖湿地资源赋存情况，可将湖区湿地按其主要资源分为三类：以植物资源为主的湿地、以鸟类资源为主的湿地和以鱼类资源为主的湿地。要发挥鄱阳湖的生态功能，必然离不开丰富多样的湿地植物，湿地植物组成的湿地系统可以有效调节气候，为动植物提供栖息地，涵养水源，防止水土流失，产生经济与环境效益等。菰是鄱阳湖流域生长丰富的典型水生植物之一，在整个流域地区广泛分布，且历史悠久，属于自然分布的野生物种。2014 年鄱阳湖第二次科学调查发现，鄱阳湖野生菰群落近年来急剧扩张，已经成为湖区面积最大的一个挺水植物群落。

## 一、自然地理概况

鄱阳湖位于江西省北部，距南昌市东北部 50 千米，地理位置在北纬 29°05′~29°15′，东经 115°55′~116°03′，以九江市永修县吴城镇为中心，纵横都昌、永修、星子、新建等县，管辖鄱阳湖内的 9 个湖泊，总面积 3150 平方千米。鄱阳湖是国际重要湿地，是长江干流重要的调蓄性湖泊，地处鄱阳湖西北部的鄱阳湖自然保护区，成立于 1983 年，于 1988 年晋升为国家级，1992 年被列入“世界重要湿地名录”，是我国首批列入其中的湿地，在中国长江流域中发挥着

巨大的调蓄洪水和保护生物多样性等特殊生态功能的作用，是我国十大生态功能保护区之一，也是世界自然基金会划定的全球重要生态区之一，对维系区域和国家生态安全具有重要作用。鄱阳湖流域多年平均年径流量为1457亿立方米，流域面积为16.22万平方千米，占长江流域面积的9%，但年径流量却占15%，是长江流域水资源最丰富的地区之一（见图3－1）。

**图3－1　鄱阳湖野生菰群落/九江市共青城市富华大道摄**

鄱阳湖上接赣、抚、信、饶、修5江河（以下简称“5河”），下通长江，湖区水位受控于“5河”及长江的双重影响。湖面面积在洪水和枯水期最大可相差22倍，容积相差55倍。鄱阳湖每年4～9月为汛期，10月至翌年3月为枯水期，年最大洪水多出现在5～6月，占汛期的75%，7～9月受台风影响，也会出现较大洪水。鄱阳湖地处中亚热带温暖湿润气候区，具有光照充足、雨量充沛、无霜期长、四季分明的特点。年均降水量 1570 毫米左右，年均气温约 17℃，7 月月均气温 29℃左右，绝对最高温 40.8℃，1 月月均气温 4.5℃左右，绝对最低温为 -11.2℃，年均无霜期 265 天左右。

## 二、鄱阳湖野生菰种质资源调查

### （一）前人研究成果

#### 1. 1983 ~ 1987 年对鄱阳湖水生植物的调查

官少飞于 1983 ~ 1987 年对鄱阳湖水生植物进行了调查研究，主要研究成果如下：

（1）关于鄱阳湖植物区系组成及分布的研究。结果表明：鄱阳湖现有水生高等植物 37 科 70 属 98 种。其中，湿生和挺水植物 62 种，占 63.2%；沉水植物 16 种，占 16.3%；浮叶植物 11 种，占 11.2%；漂浮植物 9 种，占 9.2%。由于生活型不同，各类植物适应水深有明显差异。在正常情况下，挺水植物一般生长于沿岸带，汛期水深约 0.5 ~ 2 米，枯水期多处于沼泽和湿地；浮叶植物通常生长于亚沿岸带，汛期水深约 1 ~ 3 米；沉水植物一般生长于亚沿岸带至湖心带，汛期水深 2 ~ 6 米；漂浮植物常间生于挺水植物群落之中，尤其是在芦苇、菰等群落中较常见。

（2）关于鄱阳湖植被类型的季节性交替现象。研究表明：由于湖水位的季节性变化，在洪水期与枯水期，鄱阳湖洲滩植被表现出

明显的水生植物群落与湿生、沼生植物群落的季节性交替。在汛期（4～10月），洲滩被淹没，沉水植物和浮叶植物繁生，构成各类水生植物群落；在枯水期（11月～翌年3月），洲滩逐渐显露，沉水、浮叶植物枯死，以芦苇和菰等为代表的挺水植物重新露出水面，构成沼生植物群落，而以苔草、蓼子草等为代表的湿生植物也重新萌发，形成湿生植物群落。这种植被类型的季节性交替现象反映了洲滩水文条件“时令”性变化的植被特点。

（3）关于鄱阳湖水生植被分布的研究。结果表明：鄱阳湖水生植被面积为2262平方千米（合339.3万亩），占全湖总面积的80.8%。按生活型可划分为四个植物带。①湿生植物带：分布在13～15米高程的洲滩上，面积为428平方千米（合64.2万亩），约占全湖总植被面积的18.9%。主要种类是一些既能生长在浅水又能生长在湿地的两栖性植物，如苔草、蓼子草、稗草、牛毛毡及芦、荻等。②挺水植物带：分布在12～15米高程的浅滩上，面积约为185平方千米（合27.8万亩），占全湖总植被面积的8.2%，是湖中分布面积最少的植物带。主要种类是一些仅有植株基部或下部浸于水中而上部挺出水面的植物，如芦、荻、菰、水蓼、旱苗寥、莲和白菖蒲等。③浮叶植物带：分布在11～13米高程的湖底上，面积为52平方千米（合78.7万亩），占全湖总植被面积的23.2%。主要种类是一些植株扎根于湖底泥中，但叶片浮于水面的植物，如菱、荇菜、金银莲花、芡实等。④沉水植物带：分布在9～12米高程的湖底上，面积约1124平方千米（合168.6万亩），占全湖植被总面积的49.7%，是湖中分布最大的植物带。主要种类是一些整个植株都沉浸在水中的植物，如马来眼子菜、黑藻、苦草、小茨藻、大茨藻、聚草和金鱼藻等。

鄱阳湖有水生植物98种，分隶于37科71属。按各种植物的分布面积、出现频度和生物量来衡量，马来眼子菜、苦草、黑藻、芦苇、荻、荇菜、小茨藻、苔草、菱、聚草、金鱼藻、菰、水蓼及大茨藻14种植物是组成鄱阳湖水生植被的优势种类（见表3－1）。

**表3－1　鄱阳湖水生植物的分布面积、出现频度、生物量比较（1984年9月测定值）**

| 种类 | 分布面积（万亩） | 频度（%） | | 生物量（湿重） | |
|---|---|---|---|---|---|
| | | 全湖<br>398个样方计算 | 植被区<br>314个样方计算 | 单位面积生物量（克/平方米） | 占总生物量的百分比（%） |
| 马来眼子菜 | 248.5 | 57.79 | 73.25 | 503 | 32.62 |
| 苦草 | 303.2 | 68.95 | 89.36 | 343 | 22.24 |
| 黑藻 | 181.5 | 42.21 | 53.50 | 256 | 16.60 |
| 芦苇 | 34.6 | 8.04 | 10.19 | 63 | 4.09 |
| 荻 | 10.8 | 2.51 | 3.19 | 54 | 3.50 |
| 荇菜 | 63.8 | 14.82 | 18.79 | 52 | 3.37 |
| 小茨藻 | 111.3 | 25.88 | 32.80 | 49 | 3.18 |
| 苔草 | 38.9 | 9.05 | 11.47 | 49 | 3.18 |
| 菱 | 10.8 | 2.51 | 3.19 | 47 | 3.05 |
| 聚草 | 58.4 | 13.57 | 17.20 | 44 | 2.85 |
| 金鱼藻 | 51.9 | 12.06 | 15.29 | 44 | 2.85 |
| 菰 | 13.0 | 3.02 | 3.82 | 14 | 0.91 |
| 水蓼 | 54.0 | 12.56 | 15.92 | 10 | 0.65 |
| 大茨藻 | 34.6 | 8.04 | 10.19 | 10 | 0.65 |
| 其他水生植物 | 16.2 | 3.77 | 4.78 | 4 | 0.26 |

注：①文中有关数据引自官少飞等1987年发表的《鄱阳湖水生植被》一文；②生物量：指单位面积的生物量，且为湿重；③频度：指群落中包含某种植物的样地面积与总样地面积之比；④鄱阳湖水生植被总面积约339.3万亩，约占湖区总面积的80.8%。

### 2. 1999 年 5 月 ~2001 年 10 月对鄱阳湖水生植物的调查

彭映辉等从 1999 年 5 月 ~2001 年 10 月，逐月在鄱阳湖平原各湖泊进行水生植物群落多样性调查。根据湖泊的具体特点，于各湖设若干采集断面，每一断面设若干采样点，于各采样点采集水生植物标本，并记录水生植物群丛类型。水生植物的范畴以 Cook 的定义为准。“群丛”的划分采用优势种原则，即以各群丛优势种的名称作为该群丛的名称；对于一个群丛具有两个或多个优势种的情况，同一层的不同优势种之间以“+”连接，不同层的优势种之间以“-”连接。从表 3-2 可以看出，鄱阳湖平原湖泊挺水植物群丛主要有 6 个，其中菰群丛的主要伴生物种为穗花狐尾藻、金鱼藻、野菱、稗、光头稗子、紫萍、萍、无根萍、满江红、槐叶萍、水蓼、黄花狸藻、狸藻、菹草、水鳖、旱苗蓼、茵草、莲、轮叶黑藻、竹叶眼子菜和微齿眼子菜等。

在鄱阳湖 15 个主要群丛类型中，群落物种多样性指数最高的是“野菱+双角菱群丛”和“菰-野菱群丛”，其次是“野菱+双角菱-密齿苦草群丛”“菰群丛”“竹叶眼子菜+穗花狐尾藻群丛”。其中，生物量最高的是菰群丛，但菰群丛和菰-野菱群丛的分布面积占 16 个湖泊总植被面积的百分比最低（见图 3-2）。

### 3. 2011 年 5 月 ~11 月对鄱阳湖湿地植物进行外业采集调查

许军等于 2011 年 5 月 ~11 月对鄱阳湖湿地流域内湿地植物进行外业采集调查。根据鄱阳湖湿地植物的生态习性，参考相关文献，将鄱阳湖湿地植物划分为湿生植物、沼生植物、水生植物 3 种生态

表 3－2 鄱阳湖平原湖泊挺水植物群丛及其伴生种

| 植物群丛 | 伴生种 |
|---|---|
| 菰群丛 | 穗花狐尾藻、金鱼藻、野菱、稗、光头稗子、紫萍、萍、无根萍、满江红、槐叶萍、水蓼、黄花狸藻、狸藻、菹草、水鳖、旱苗蓼、茵草、莲、轮叶黑藻、竹叶眼子菜、微齿眼子菜 |
| 菰－野菱群丛 | 菱、金鱼藻、轮藻、凤眼莲、菹草、水鳖、紫萍、萍、无根萍、满江红、槐叶萍 |
| 菰－凤眼莲群丛 | 金鱼藻、穗花狐尾藻、轮叶黑藻、浮萍、紫萍 |
| 水蓼＋稗群丛 | 水蓼、稗、光头稗子、菰、水莎草 |
| 莲群丛 | 穗花狐尾藻、金鱼藻、黄花狸藻、旱苗蓼、菰、稗、野菱、双角菱、菱、轮叶黑藻、菹草、小茨藻 |
| 莲－野菱＋双角菱－金鱼藻＋穗花狐尾藻群丛 | 密齿苦草 |

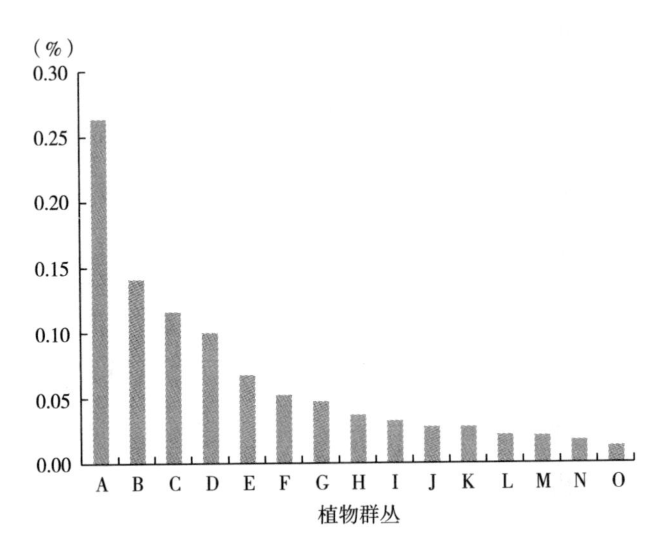


图 3－2 鄱阳湖平原主要水生植物群丛分布面积占 16 个湖泊总植被面积的百分比（2000 年）

注：A. 灰化苔草群丛；B. 荻＋芦苇－灰化苔草群丛；C. 虉草＋马蓝群丛；D. 密齿苦草群丛；E. 荻群丛；F. 草群丛；G. 芦苇群丛；H. 竹叶眼子菜＋穗花狐尾藻群丛；I. 野菱＋双角菱群丛；J. 野菱＋双角菱－密齿苦草群丛；K. 穗花狐尾藻＋密齿苦草群丛；L. 轮叶黑藻群丛；M. 轮叶黑藻＋密齿苦草＋大茨藻群丛；N. 菰－野菱群丛；O. 菰群丛。

型。从调查结果可知：鄱阳湖共有湿地植物 327 种（含变种、栽培种等种下级单位），隶属 67 科 181 属。其中，湿生植物有 192 种，占总种数的58.72%，代表种有：下田菊（*Adenostemma lavenia*）、头花蓼（*Polygonum capitatum*）、积雪草（*Centella asiatica*）、茵陈蒿（*Artemisia capillari*）；沼生植物有50 种，占总种数的 15.29%，代表种有：沼生水马齿（*Callitriche palustris*）、卵叶丁香蓼（*Ludwigia ovalis*）、泽芹（*Sium suave*）、水苏（*Stachys japonica*）；水生植物有 85 种，占总种数的 25.99%，代表种有：慈姑（*Sagittaria trifolia*）、菰（*Zizania latifolia*）、芦苇（*Phragmites australis*）、石菖蒲（*Acorus tatrinowii*）和莲（*Nelumbo nucifera*）。

### （二）鄱阳湖野生菰种质资源调查

2013 年 4 月本课题组对鄱阳湖流域进行了绕湖一周的野生菰种质资源生境调查，从江西省鄱阳湖流域周围的 10 个市县：南昌县、进贤县、余干县、鄱阳县、都昌县、湖口县、星子县、永修县、新建县、共青城市，在距离鄱阳湖湖区约 1 ~6km 的范围内均匀地理分布，共调查野生菰居群 30 个（见表 3 –3），采集野生菰样本 80 个。后于富阳市中国水稻研究所完成了鄱阳湖野生菰遗传多样性实验，从基因水平上分析了鄱阳湖流域野生菰居群间的遗传多样性。研究结果表明：鄱阳湖流域野生菰在不同地区的环境条件下表现出较丰富的遗传多样性，在种群结构上发生一定范围的遗传变异，这对鄱阳湖流域野生菰的遗传进化、菰基因资源库的开发利用和菰种质资源的保护有着重要意义。

**表 3－3　鄱阳湖野生菰种质资源调查**

| 编号 | 县 | 镇（乡） | 地点 | 经度 | 纬度 | 海拔(米) |
|---|---|---|---|---|---|---|
| 1 | 南昌 | 泾口乡 | 山头村 | 28°38′03.54″ | 116°16′23.54″ | 15 |
| 2 | 南昌 | 泾口乡 | 东湖村 | 28°38′40.00″ | 116°14′58.14″ | 15 |
| 3 | 南昌 | 南新乡 | 乡政府驻地 | 28°47′52.90″ | 116°04′14.30″ | 17 |
| 4 | 进贤 | 三阳集乡 | 孟后村 | 28°35′24.50″ | 116°16′27.47″ | 27 |
| 5 | 进贤 | 三里乡 | 六圩村 | 28°38′05.45″ | 116°19′30.44″ | 27 |
| 6 | 进贤 | 三里乡 | 池尾村 | 28°41′34.98″ | 116°24′14.17″ | 22 |
| 7 | 余干 | 瑞洪镇 | 镇驻地 | 28°44′09.90″ | 116°24′37.16″ | 16 |
| 8 | 余干 | 三塘乡 | 下潭村 | 28°44′45.37″ | 116°34′08.70″ | 13 |
| 9 | 余干 | 石口镇 | 石口村 | 28°49′49.45″ | 116°38′02.59″ | 15 |
| 10 | 鄱阳 | 双港镇 | 尧山村 | 29°03′24.00″ | 116°35′42.12″ | 18 |
| 11 | 鄱阳 | 双港镇 | 乐亭村 | 29°07′01.51″ | 116°34′29.06″ | 14 |
| 12 | 鄱阳 | 白沙洲乡 | 车门村 | 29°09′38.89″ | 116°37′50.18″ | 23 |
| 13 | 都昌 | 西源乡 | 茭塘村 | 29°13′17.33″ | 116°16′59.99″ | 23 |
| 14 | 都昌 | 三汊港镇 | 镇驻地 | 29°16′38.40″ | 116°23′55.34″ | 38 |
| 15 | 都昌 | 大树乡 | 大树下 | 29°16′32.74″ | 116°16′05.38″ | 27 |
| 16 | 都昌 | 多宝乡 | 老爷庙 | 29°22′34.24″ | 116°03′43.30″ | 15 |
| 17 | 湖口 | 高垄乡 | 乡政府驻地 | 29°34′32.44″ | 116°04′38.40″ | 36 |
| 18 | 星子 | 蓼花镇 | 胜利村 | 29°21′36.36″ | 116°00′10.00″ | 42 |
| 19 | 星子 | 蓼南乡 | 樟树曹村 | 29°19′12.30″ | 115°59′22.30″ | 22 |
| 20 | 星子 | 蛟塘乡 | 畈上村 | 29°18′37.45″ | 115°55′28.70″ | 25 |
| 21 | 共青城 | 苏家垱乡 | 青良周村 | 29°15′13.22″ | 115°51′37.70″ | 30 |
| 22 | 共青城 | 富华大道 | 富华大道 | 29°14′30.50″ | 115°48′59.41″ | 27 |
| 23 | 共青城 | 江益镇 | 罗家村 | 29°12′30.66″ | 115°46′49.78″ | 38 |
| 24 | 永修 | 恒丰镇 | 牛头山 | 29°08′00.64″ | 115°51′40.44″ | 18 |

续表

| 编号 | 县 | 镇（乡） | 地点 | 经度 | 纬度 | 海拔(米) |
|---|---|---|---|---|---|---|
| 25 | 永修 | 九和乡 | 杨柳村 | 29°03′24.43″ | 115°49′35.04″ | 17 |
| 26 | 永修 | 马口镇 | 陈新村 | 28°57′20.41″ | 115°46′10.15″ | 17 |
| 27 | 新建 | 大塘坪乡 | 大塘村 | 28°59′28.29″ | 115°54′28.71″ | 24 |
| 28 | 新建 | 铁河乡 | 乡镇府驻地 | 29°01′38.92″ | 115°58′30.30″ | 15 |
| 29 | 新建 | 昌邑乡 | 镇政府驻地 | 29°01′01.00″ | 116°03′46.90″ | 20 |
| 30 | 新建 | 联圩乡 | 下万村 | 28°50′50.00″ | 116°01′36.45″ | 17 |

## 三、问题及建议

### （一）鄱阳湖湿地保护中存在的问题

随着地方经济的快速增长、工业规模的不断扩大，工业废弃物排入湖体，其水质出现了富营养化的趋势，造成湖泊水质恶化，水生生态系统结构遭到破坏；湿地植被的实际分布面积逐年减少和生物量逐年下降严重，从20世纪30年代到80年代，面积共减少300多平方千米，相对面积减少1/3，鄱阳湖湿地较常见的水生、湿生和沼生植物，正在消失或严重退化。据调查，在20世纪60年代鄱阳湖湿地植物有119种，80年代只有101种，20多年时间减少了18种，物种消失的速度很快。

### （二）保护及可持续利用的建议

有效保护鄱阳湖湿地生态环境，合理利用湖区湿地植被和生物资源，对于发挥湖泊的调蓄功能，减少洪涝灾害，保护湿地生物多样性，恢复渔业资源，发展湖区畜牧业，保护我国南方最大的候鸟越冬栖息地，振兴江西旅游业等都有十分重要的意义。

1. 控制湿地开发规模

盲目扩大开发规模的行为，是导致湿地功能下降、生态环境恶化的一个主要原因。因此，“适度规模”应是鄱阳湖湿地未来开发利用中必须遵守的一条基本原则。多年来，鄱阳湖湿地的开发已达到了一定的规模，今后应严格制止对较高生态水位的湿地的开发，对改变自然景观和利用途径的开发项目进行环境影响评价，提供生态恢复、重建替代方案，并确保实施。同时，工农业生产的发展和城市化的扩张要逐渐形成合理的用地布局，改变用开发湿地的方法来补偿耕地面积减少的局面。

2. 加大资金投入，加强生物多样性的研究

鉴于鄱阳湖湿地生物资源的重要性，应该采取各种行之有效的筹资措施，加大资金投入，重视鄱阳湖湿地生态环境的保护和研究，特别是利用现代高新技术，对湿地动植物资源种群数量、生态习性、繁殖规律等进行动态监测，建立鄱阳湖湿地生物多样性信息系统，使鄱阳湖湿地动植物的遗传多样性、物种多样性、生态系统多样性的调查、收集、保护、鉴定和评价等方面获得的数据库进行数据管理和服务，并据此建立鄱阳湖湿地野生动植物的繁殖和保护中心，利用先进的繁殖技术，不断扩大鄱阳湖湿地野生生物的种群数量，走出一条保护、开发和利用的新路子。

### 3. 合理开发鄱阳湖湿地资源

（1）坚决平圩行洪，退田还湖。恢复鄱阳湖湿地面积，并逐步恢复湿地生态系统。

（2）要有组织、高层次地发展利用湖区名优野生植物资源，引进优良品种，建立人工栽培基地。

（3）保护水域环境，对排入湖区的工业污水、矿渣粉尘、农药化肥及灭螺药剂，都应严格按国家允许标准管理、控制和防止污染。

（4）要严格保护和封育湖区沙洲天然植被，绝对禁止在沙洲上放牧樵伐，毁林垦荒。要合理布局、植树种草，建立防风治沙林体系。

（5）保护5大入湖河流的天然林植被，全面实施长江流域天然林保护工程，防止水土流失是保护鄱阳湖湿地生态的关键。

### 4. 开展宣传教育立法工作，提高公众的参与度

湿地生物多样性的保护有赖于当地广大群众的理解、支持和参与。鄱阳湖湿地生物多样性保护的宣传与教育还处于滞后状态，普及广度、力度、深度都不够，造成公众对湿地生物多样性的保护意识薄弱，乱砍滥伐、乱捕滥猎现象时有发生。今后应加大宣传力度，加强与保护区周围居民的交流与沟通，让当地居民了解生物多样性保护的重要性，提高全社会的保护意识，同时加快专项立法工作，使湿地保护有法可依，使湿地保护利用走上法治轨道，只有这样才能促进鄱阳湖湿地生物多样性的综合利用和可持续发展。

## 第二节　洞庭湖野生菰种质资源调查

长江中下游水资源丰富，河湖密布，水系网络交错复杂，干流的枝城至城陵矶段为荆江段，以藕池口为界又分为上、下荆江。下荆江作为蜿蜒型河道，冲刷强度尤为剧烈。沿江两岸发育了众多湖泊，各湖泊水系之间沟通交错，并与长江水系连通，长期相互作用逐渐形成了复杂的江湖关系。

洞庭湖是长江出三峡进入中下游平原后的第一个通江大湖，位于荆江河段南岸、湖南省北部，是我国第二大淡水湖泊，是一处吞吐长江的洪道型湖泊，同时又是一个典型的湖泊型洪道。洞庭湖地区自古以来就有“鱼米之乡”的美誉，具有良好的自然条件并占有优越的地理位置，不仅汇集了湘、资、沅、澧四水及湖周中小河流，还承接经松滋、太平、藕池、调弦（1958 年冬封堵）四口分泄的长江洪水。其分流与调蓄作用，对于维系长江中游地区江湖洪水的蓄泄平衡、江湖泥沙的冲淤平衡，以及减缓长江干流的冲淤变迁具有极为重要的意义和不可替代的作用，是荆江两岸乃至长江中下游重要的防洪屏障。

洞庭湖湿地在长江流域的社会经济发展和生态环境建设中占有十分重要的地位，是举世闻名的国际重要湿地。她不但养育着近千万的洞庭人，而且源源不断地向境外输出湿地产品。同时，由于特定的地理位置和生态环境，洞庭湖湿地成为长江中游最重要的洪水

调蓄区、珍稀濒危动植物的栖息地，起着保护生物多样性及其生态环境，以及湿地所具有的综合生态功能的作用。

但是，随着气候变化和人类活动影响的加剧，洞庭湖面临十分严峻的生态环境问题：2006 年与 2000 年相比，洞庭湖区越冬鸟类总数由 30 万只下降到 3 万 ~ 4 万只，濒危物种东方白鹳由 802 只下降到 36 只，白鹤在 2004 年基本消失。当前，洞庭湖流域水质污染加剧，富营养化趋势明显；洪错灾害频繁、严重，气候灾害多样；湿地资源衰退，生态平衡遭破坏。这一系列环境问题使该地区多种水生植物濒临灭绝。菰在洞庭湖流域分布较为广泛，但由于洞庭湖生态失调，水污染严重，再加之人为的破坏，该地区野生菰群落正不断走向消亡。

本次对洞庭湖流域野生菰种质资源进行调查，意在了解洞庭湖地区野生菰的分布和生长状况、居群特征等信息（见图 3 - 3），为今后建立和健全洞庭湖野生菰种质资源的保护措施提供科学依据。

## 一、自然地理概况

洞庭湖，古称云梦、九江和重湖，位于湖南省北部，处于长江中游荆江南岸，是中国第二大淡水湖。湖泊位于东经 111°14′ ~ 113°30′，北纬 28°30′ ~ 30°23′。湖体呈近似“U”字形，对应城陵矶（七里山）水位 33.5 米时，湖泊面积 2625 平方千米，蓄水量 167 亿立方米。湖泊范围东起汨罗市、岳阳县、岳阳市城区（君山区、岳阳楼），西达澧县、常德市城区、鼎城区和武陵区、桃源县，南至益阳市辖区赫山区、资阳区、湘阴县和望城县，北接长江河段荆江以南的湖北省松滋市、公安县和石首市。

图3－3　洞庭湖野生菰群落11/岳阳市君山区百弓墩村摄

### （一）地质地貌特征

洞庭湖区是由低山、丘岗环绕的碟形盆地，为典型的以陆上复合三角洲占主体的冲积—淤积平原，组成物质主要是泥沙、沙质泥和黏土质泥，地面高程一般在30～40米。枯水季节，洞庭湖水域被分隔成若干个互相连通的大小湖泊，以南洞庭湖中的东南湖、万子湖、横岭湖、荷叶湖和东洞庭湖中的漉湖较大。洪水期间，大小湖荡又汇成汪洋一片。洞庭湖区属于长江和四水尾冲积平原，北与江汉平原相接，东、南、西三面为环湖丘陵，湖区呈碟形盆地圈带状立体景观结构，总体地势低平。湖滨中环带为开阔坦荡的平原，外环带为海拔高度较低的岗地丘陵。洞庭盆地第四纪以来断裂活动明显，对盆地形态和沉积地层起着控制性作用，是洞庭盆地地壳沉降的主要表现。

### （二）水系构成

洞庭湖区水系主要分为西洞庭湖、南洞庭湖和东洞庭湖三个湖区。入湖水系复杂，通常将其分为南水和北水两大部分。南水主要包括湘江、资水、沅江和澧水四水水系，北水主要指分泄长江水沙入湖的松滋、太平和藕池（调弦口于1958年堵闭）三口河道，包括松滋河、虎渡河、藕池河、华容河，以及汇入松滋河的诡水，还有汨罗江、新墙河等小支流入汇。洞庭湖接纳四口和湘、资、玩、澧四水以及诡水、汨罗江、新墙河等湖区周边的中、小河流的来水来沙，经湖泊调蓄后，由东北部唯一出口（城陵矶）泄入长江。洞庭湖水系河流基本情况如表3－4和表3－5所示。

表3－4　洞庭湖水系河流情况

| 河流名称 | 长度（千米） | 流域面积（平方千米） | 入湖水量（$10^8$ 立方米） |
|---|---|---|---|
| 湘水 | 856 | 94600 | 683 |
| 资水 | 653 | 28142 | 215 |
| 沅水 | 1033 | 89163 | 600 |
| 澧水 | 388 | 18496 | 149 |
| 洞庭湖区河流 | | 18640 | 145 |
| 其他入湖河流 | | 13722 | 107 |
| 合计 | | 262823 | 3018 |

表 3－5　洞庭湖区主要河道及周边河流特征

| 河流名称 | 发源地点 | 河口地点 | 河长（千米） |
|---|---|---|---|
| 汨罗江 | 江西省修水县 | 磊石山 | 253 |
| 新墙河 | 平江县 | 新墙河口 | 108 |
| 松滋东支 | 松滋口 | 瓦窑 | 87.53 |
| 松滋西支 | 松滋口 | 瓦窑 | 83.36 |
| 虎渡河 | 太平口 | 小河口 | 133.3 |
| 华容河 | 调弦口 | 旗杆嘴 | 60 |
| 草尾河 | 赤山 | 漉湖芦苇场 | 53.8 |
| 虎松河流 | 张九台 | 肖家湾 | 50 |
| 目平湖 | | | 31.2 |
| 南洞庭湖 | | | 197.42 |
| 东洞庭湖 | | | 75.3 |

## 二、洞庭湖野生菰种质资源调查

### （一）前人研究成果

#### 1. 湖南水生维管束植物资源调查

唐家汉和钱名全于 1979 年 3 月至 1980 年 8 月对湖南水生维管束植物资源进行了调查。在调查中，共采得标本 131 种（或亚种），隶属于 40 科 75 属。这些水生维管束植物大多数是全省普生性的，常见的优势种群有马来眼子菜、菹草、轮叶黑藻、苦草、齿叶苦草、凤眼莲、紫背浮萍、小青萍、满江红、喜旱莲子草、水鳖、荇菜、聚草、菱、菰、芦苇、鸭舌草等。

2. 洞庭湖流域植被调研

彭德纯、袁正科等于1980～1983年开展了洞庭湖流域植被调研，并后续发表了相关文章。从发表的文章中可知，菰群落不仅是洞庭湖地区的普生性优势种，而且被湖南省农业厅列为省级重点保护植物之一。

（1）1984年发表的洞庭湖区的植被特点及分布规律。文章中提到：洞庭湖湖沼植被主要由睡莲科、水鳖科、香蒲科、小二仙科、狸藻科及禾本科组成；湖泊植被主要有眼子菜、苦草、黑藻、莲、菰、蔗草、弯囊苔草、芦苇等群落，形成水生植被的景观。

（2）1986年发表的洞庭湖区湖沼植被的研究。结果表明：洞庭湖区湖沼有水生维管束植物77种，隶属于59属32科，比较大的科有禾本科（8属8种）和菊科（5属5种）。全洞庭湖区湖沼植物群落可分为3个群系组，即沉水水生植被群系组、浮水水生植被群系组及挺水植物群系组。挺水植物群系组由菰群落及其他5个群落（芦苇群落、弯囊苔草群落、藨草群落、东方香蒲群落、水烛群落、少花荸荠群落）共同构成。

菰群落主要分布在外湖低洼的沼泽地和内湖水深1米左右的地方，一般海拔为26～28米，常呈小块状分布。土壤为沼泽土，pH为6.0～7.8，有机质含量为2.53%，全氮含量为0.149%，全磷含量为0.130%，速效氮磷钾分别为122.1ppm、9.05ppm、60.0ppm。内湖菰分布在湖边浅水处和池塘大型沟港内。群落常年积水（外洲沼泽地冬季时无水），水深0.6～1.0米。菰群落投影总盖度为70%～

95%，基部盖度为23.86平方米/公顷至48.32平方米/公顷。多单由菰组成，有时有弯囊苔草、蕉草、芦苇侵入，其下（水中）时有沉水植物伴生。菰的相对基部盖度达99.92%，相对密度达93%～100%，频度为100%，相对干重达99.32%～100%。群落干重为1.75（春）～5.37（冬）t/ha，是一种未被利用的野生资源，由于生态的失调，该群落正趋向消亡。

（3）2004年发表的洞庭湖湿地野生植物资源种类与开发利用。研究结果表明：洞庭湖湿地有国家级野生保护植物3种，其中一级保护1种——莼菜（*Brasenia schreberi*）；二级保护2种——莲（*Nelumbo nucifera*）、野菱（*Trapa incisa*）。湖南省农业厅提出的拟为省级重点保护植物7种，有蒌蒿（*Artemisia selengensis*）、水车前（*Ottelia alismoides*）、芡实（*Euryale fenox*）、东方香蒲（*Typha orientalis*）、水芹（*Oenanthe javanica*）、黄花狸藻（*Utricularia aurea*）和菰（*Zizania latifolia*）。因为湿地环境的变化，这些野生种种群正在萎缩，有的已近濒危。

### 3. 菰对重金属的富集能力检测研究

菰是南洞庭湖的优势种，在南洞庭湖湿地中广泛分布。周守标等于2005年4月通过盆栽试验研究了Cd复合污染条件下菰的生长状况、生理特性及吸收和富集重金属的能力。结果表明：菰适用于低、中浓度重金属污染水体的生态修复。

为进一步研究生活于重金属污染区的菰对重金属的吸收与富集规律，彭晓赟等于2008年5月选取卤马湖、车便湖、四季红渔场、西畔山洲、南嘴铺境内的菰（生长期）及其根际土壤共80组样

品，分析菰对南洞庭湖周边湿地土壤中 Cu、Sb、Cd、Pb 重金属的吸收与富集。结果表明：南洞庭湖土壤中 4 种重金属污染情况是 Sb > Cd > Cu，Pb 未超标。在这 4 种重金属污染的条件下，植株不同部位对 Sb 均无富集作用，对其他 3 种重金属元素的吸收积累能力均是根 > 叶 > 茎；不同采样区菰对重金属的富集能力存在明显差异。由此可见，菰对南洞庭湖重金属 Cd、Cu 污染具有较好的修复作用。

4. 南洞庭湖野生菰资源现状调查

2012 年 9 月 4 日，文正春等调查了菰稻种植基地，并深入南洞庭湖湿地核心区，对菰稻的重要基因源——野生结实颖果菰进行了实地调查。调查结果表明：原来随处可见的野生菰，现在踪迹难觅。通过走访和查阅有关资料得知，南洞庭野生菰由 20 世纪 90 年代的 3.5 万亩，现已锐减到 1100 亩左右，最大的成片生长地仅有约 200 亩，野生结实颖果菰种群濒临灭绝。作为洞庭湖生物资源库中一个珍贵物种，野生菰种群亟待拯救和保护。

5. 西洞庭湖湿地野生植物的多样性调查

为了科学保护和综合利用西洞庭湖湿地的野生植物资源，王朝晖等于 2008 ~2010 年对西洞庭湖湿地的野生植物群落进行了调查研究。从调查结果可知，茭白群落（菰群落）是西洞庭湖水生植物群落组中的代表性群落之一，且茭白（菰）为该地区水生植物优势种。除此之外，西洞庭湖湿地野生植物共有禾本科、菊科和蓼科等 67 科 278 种，主要以水生植物群落组和湿地植物群落组为主。这些不同的群落组都有其代表性群落，水生植物群落组包括：家菱群落、黑藻群落、茭白群落、水葫芦群落、荇菜群落、慈姑群落、荷花群落等；湿地植物群落组包括：水烛群落、牛鞭草群落、水游草群落、革命草群落、双穗雀稗群落、苔草群落等。水生植物各群落优势种为荇菜、水葫芦、菱、茭白、慈姑、莲等植物，其重要值都在20%以上。湿地植物各群落优势种为牛鞭草、水游草、空心莲子草、双穗雀稗、水烛、苔草等，其重要值均较高，其中水游草在其群落中达35.4%（见表3－6）。西洞庭湖区群落分布较均匀，具有较高的物种丰富度，不同种之间的相遇概率较大。

**表3－6　西洞庭湖湿地野生植物的群落类型与结构比例**

| 群落组成 | 优势种 | 均度（%） | 密度株（平方米） | 频度（%） | 相对均度（%） | 相对密度（%） | 相对频度（%） | 相对多度（%） | 重要值（%） |
|---|---|---|---|---|---|---|---|---|---|
| 水生 | 荇菜 | 93.7 | 295 | 95.7 | 15.1 | 27.4 | 19.3 | 61.8 | 28.5 |
| | 水葫芦 | 100.0 | 41 | 100.0 | 17.2 | 24.1 | 18.7 | 60.0 | 30.1 |
| | 菱 | 91.4 | 24 | 88.3 | 14.5 | 23.5 | 19.2 | 57.2 | 25.3 |
| | 茭白 | 89.3 | 22 | 79.4 | 15.3 | 26.4 | 17.3 | 59.0 | 24.9 |
| | 慈姑 | 87.3 | 16 | 88.9 | 14.2 | 22.9 | 18.8 | 55.9 | 22.6 |
| | 莲 | 85.6 | 25 | 85.4 | 15.6 | 24.8 | 18.6 | 59.0 | 32.4 |
| 湿生 | 牛鞭草 | 95.7 | 325 | 100.0 | 17.1 | 25.3 | 23.4 | 65.8 | 32.1 |
| | 水游草 | 100.0 | 788 | 100.0 | 15.4 | 24.1 | 24.1 | 63.6 | 35.4 |
| | 空心莲子草 | 93.2 | 423 | 97.8 | 16.4 | 26.4 | 22.6 | 65.4 | 32.7 |
| | 双穗雀稗 | 91.5 | 848 | 95.4 | 17.2 | 24.8 | 27.5 | 69.5 | 28.6 |
| | 水烛 | 82.1 | 28 | 81.4 | 14.8 | 23.8 | 22.9 | 61.5 | 22.7 |
| | 苔草 | 88.4 | 632 | 92.7 | 15.9 | 27.9 | 25.3 | 69.1 | 30.4 |

6. 东洞庭湖主要植被类型

龙勇于2013年5月发表了有关东洞庭湖湿地植被的研究论文，从中可知，东洞庭湖保护区作为中国境内由“国际湿地公约”提出的21个国际重要湿地自然保护区之一，在保护湿地生态和生物资源的方面起着重要作用。丰富的自然资源孕育在其多变且多样的生态环境中，物种不仅古老独特，而且珍稀度高，从而使全中国乃至全世界都普遍以“长江中游的明珠”的美誉关注和重视其丰富的自然资源。此外，东洞庭湖主要植被类型有芦苇（*Phragmits australis*）及苔草（*Carex*）、苦草（*Vallisneria*）、莲（*Nelumbo nucifera*）、菰（*Zizania*）等10余种湖草。

### （二）洞庭湖野生菰种质资源调查

本课题组于2015年4月21日对洞庭湖流域野生菰这一重要优势种进行了绕湖一周的种质资源生境踏查，共调查了野生菰居群43个（见表3－7和图3－4），范围覆盖岳阳市、衡阳市、汨罗市、益阳市、常德市6市。从调查结果可知，菰在洞庭湖一周均有分布，但是随着生态环境的恶化及人为的严重破坏，该地区野生菰居群面积大幅度减小，野生菰逐步锐减甚至有消亡的趋势。

表3－7　洞庭湖野生菰种质资源调查

| 编号 | 市（县） | 区/县/镇（乡） | 地点 | 经度 | 纬度 | 海拔（米） |
|---|---|---|---|---|---|---|
| DTH 1 | 岳阳市 | 岳阳楼区 | 恒大南湖半岛 | 113°05′16.44″ | 29°20′48.48″ | 35.00 |
| DTH 2 | 岳阳市 | 岳阳楼区 | 街子坳村 | 113°10′25.32″ | 29°20′44.16″ | 6.00 |

续表

| 编号 | 市（县） | 区/县/镇（乡） | 地点 | 经度 | 纬度 | 海拔（米） |
|---|---|---|---|---|---|---|
| DTH 3 | 岳阳市 | 岳阳县 | 北湖村 | 113°05′16.08″ | 29°16′22.08″ | 31.00 |
| DTH 4 | 岳阳市 | 岳阳县 | 春风村 | 113°05′46.32″ | 29°13′49.44″ | 30.00 |
| DTH 5 | 岳阳市 | 岳阳县 | 立新村 | 113°06′03.96″ | 29°11′00.60″ | 30.00 |
| DTH 6 | 岳阳市 | 岳阳县 | 先锋村 | 113°05′43.80″ | 29°08′04.20″ | 48.00 |
| DTH 7 | 岳阳市 | 岳阳县 | 群合村 | 113°05′57.48″ | 29°05′31.20″ | 17.00 |
| DTH 8 | 岳阳市 | 岳阳县 | 陈家屋 | 113°06′28.08″ | 29°02′25.08″ | 33.00 |
| DTH 9 | 岳阳市 | 君山区 | 城陵矶村 | 113°07′53.40″ | 29°26′07.08″ | 44.00 |
| DTH 10 | 岳阳市 | 君山区 | 双五村 | 113°00′11.88″ | 29°24′43.56″ | 32.00 |
| DTH 11 | 岳阳市 | 君山区 | 百弓墩 | 113°00′30.96″ | 29°22′40.08″ | 22.00 |
| DTH 12 | 岳阳市 | 君山区 | 岳华村 | 112°57′57.96″ | 29°25′15.24″ | 24.00 |
| DTH 13 | 岳阳市 | 君山区 | 横岗 | 112°54′57.24″ | 29°27′03.24″ | 30.00 |
| DTH 14 | 岳阳市 | 君山区 | 建新防汛大队 | 112°50′27.60″ | 29°30′08.64″ | 14.00 |
| DTH 15 | 岳阳市 | 湘阴县 | 东网村 1 组 | 112°53′15.72″ | 28°44′07.80″ | 30.00 |
| DTH 16 | 衡阳市 | 衡阳县 三塘镇 | 吴工村 | 112°53′57.48″ | 28°49′52.68″ | 29.00 |
| DTH 17 | 汨罗市 | 营田镇 | 屈原村 | 112°55′11.64″ | 28°51′57.24″ | 32.00 |
| DTH 18 | 汨罗市 | 营田镇 | 三分场二队 | 112°55′11.28″ | 28°55′26.40″ | 29.00 |
| DTH 19 | 汨罗市 | 磊石乡 | 磊石村 | 112°56′56.40″ | 28°59′46.32″ | 32.00 |
| DTH 20 | 岳阳市 | 湘阴县 杨林寨乡 | 合胡村 | 112°46′21.36″ | 28°44′32.64″ | 21.00 |
| DTH 21 | 岳阳市 | 湘阴县 湘滨镇 | 向家湾 | 112°43′05.16″ | 28°45′55.08″ | 36.00 |
| DTH 22 | 岳阳市 | 湘阴县 湘滨镇 | 庄家村 | 112°40′30.36″ | 28°45′28.80″ | 44.00 |
| DTH 23 | 岳阳市 | 湘阴县 柳潭乡 | 新坪村 | 112°37′06.24″ | 28°44′26.52″ | 27.00 |
| DTH 24 | 益阳市 | 资阳区 此湖口镇 | 马王村 | 112°32′45.96″ | 28°45′50.40″ | 27.00 |
| DTH 25 | 益阳市 | 资阳区 长春镇 | 莲竹村 | 112°18′10.44″ | 28°43′50.88″ | 41.00 |
| DTH 26 | 益阳市 | 安化县 | 铁家村 | 112°17′34.08″ | 28°52′39.72″ | 43.00 |
| DTH 27 | 益阳市 | 草尾镇 | 安南村 | 112°21′42.12″ | 28°57′58.32″ | 27.00 |
| DTH 28 | 益阳市 | 草尾镇 | 小周家坪 | 112°28′01.56″ | 28°52′07.32″ | 22.00 |
| DTH 29 | 益阳市 | 四湖山镇 | 冯家湾 | 112°32′01.68″ | 28°56′40.92″ | 22.00 |

续表

| 编号 | 市（县） | 区/县/镇（乡） | 地点 | 经度 | 纬度 | 海拔（米） |
|---|---|---|---|---|---|---|
| DTH 30 | 益阳市 | 四湖山镇 | 华兴村 | 112°37′33. 96″ | 28°55′59. 16″ | 37. 00 |
| DTH 31 | 益阳市 | 三眼塘镇 | 河渡桥村 | 112°46′39. 00″ | 28°20′30. 48″ | 40. 00 |
| DTH 32 | 常德市 | 汉寿县 蒋家嘴镇 | 叶家障村 | 112°09′36. 72″ | 28°48′08. 28″ | 27. 00 |
| DTH 33 | 常德市 | 汉寿县 岩汪湖镇 | 先锋村 | 112°02′09. 24″ | 28°54′27. 00″ | 45. 00 |
| DTH 34 | 常德市 | 汉寿县 鸭子港乡 | 新进村 | 112°09′43. 56″ | 28°58′38. 28″ | 36. 00 |
| DTH 35 | 常德市 | 汉寿县 西港镇 | 白莲村 | 112°12′53. 28″ | 29°02′57. 48″ | 39. 00 |
| DTH 36 | 益阳市 | 南大膳镇 | 六合村 | 112°42′31. 32″ | 29°01′13. 44″ | 7. 00 |
| DTH 37 | 益阳市 | 南县 北洲子镇 | 四分场三队 | 112°41′31. 56″ | 29°10′05. 16″ | 20. 00 |
| DTH 38 | 岳阳市 | 华容县 注滋口镇 | 新港村 | 112°47′58. 92″ | 29°16′45. 12″ | 42. 00 |
| DTH 39 | 岳阳市 | 华容县 良心堡镇 | 团洲 | 112°48′50. 04″ | 29°19′59. 88″ | 27. 00 |
| DTH 40 | 岳阳市 | 华容县 良心堡镇 | 团结村 | 112°50′35. 52″ | 29°24′03. 96″ | 27. 00 |
| DTH 41 | 益阳市 | 茶盘州镇 | 鹅洲村 | 112°47′05. 64″ | 28°56′27. 60″ | 32. 00 |
| DTH 42 | 益阳市 | 南大膳镇 | 华东村 | 112°49′24. 24″ | 28°59′49. 92″ | 24. 00 |
| DTH 43 | 益阳市 | 南大膳镇 | 三港子头 | 112°53′31. 92″ | 29°08′20. 76″ | 36. 00 |

**图 3 –4 洞庭湖野生菰群落 6/岳阳市岳阳县先锋村摄**

## 三、洞庭湖野生菰叶面表型多样性分析

### （一）叶片测量方法

利用浙江托普仪器有限公司的YMJ型号（专测狭长叶片）叶面积测量仪，对洞庭湖地区43个居群野生菰植株的叶长、叶宽、面积、周长、长宽比、形状因子进行测量，并利用卷尺测量株高，测量结果如表3－8所示。每个居群选取3个样本，样本间距为20米以上，每次测量设3次重复，所得结果取平均值，即为该居群的测量结果。要求样本叶片完整，无明显缺陷和病虫害影响。

**表3－8　洞庭湖野生菰叶面性状测量结果**

| 居群编号 | 株高（毫米） | 长度（毫米） | 宽度（毫米） | 面积（平方毫米） | 周长（毫米） | 长宽比 | 形状因子 |
|---|---|---|---|---|---|---|---|
| DTH 1 | 1147 | 455.25 | 24.33 | 6917.60 | 938.01 | 19.45 | 0.10 |
| DTH 2 | 1233 | 438.96 | 19.87 | 6114.24 | 1077.21 | 22.17 | 0.07 |
| DTH 3 | 1193 | 386.02 | 23.82 | 5238.94 | 1272.70 | 16.35 | 0.05 |
| DTH 4 | 1560 | 665.28 | 24.84 | 11439.57 | 1461.58 | 27.02 | 0.07 |
| DTH 5 | 1347 | 494.82 | 22.86 | 6992.65 | 1029.23 | 21.75 | 0.08 |
| DTH 6 | 1640 | 666.45 | 18.35 | 8275.07 | 1650.18 | 36.57 | 0.04 |
| DTH 7 | 1587 | 737.14 | 27.49 | 13138.75 | 1967.53 | 26.82 | 0.05 |
| DTH 8 | 1223 | 509.65 | 24.22 | 8429.95 | 1228.53 | 21.05 | 0.08 |
| DTH 9 | 1690 | 720.55 | 21.56 | 10641.09 | 1515.59 | 33.49 | 0.06 |
| DTH 10 | 1237 | 598.67 | 19.25 | 8734.10 | 1225.06 | 31.08 | 0.07 |
| DTH 11 | 1327 | 693.21 | 32.80 | 17166.63 | 1424.97 | 21.47 | 0.11 |
| DTH 12 | 1287 | 664.70 | 28.73 | 12818.89 | 1364.52 | 23.11 | 0.09 |

续表

| 居群编号 | 株高（毫米） | 长度（毫米） | 宽度（毫米） | 面积（平方毫米） | 周长（毫米） | 长宽比 | 形状因子 |
|---|---|---|---|---|---|---|---|
| DTH 13 | 1340 | 608. 27 | 23. 83 | 10512. 77 | 1271. 75 | 25. 52 | 0. 08 |
| DTH 14 | 1360 | 635. 03 | 35. 74 | 15133. 11 | 1318. 52 | 17. 86 | 0. 11 |
| DTH 15 | 1363 | 598. 67 | 26. 99 | 10388. 82 | 1731. 43 | 22. 24 | 0. 06 |
| DTH 16 | 1127 | 542. 82 | 20. 38 | 7206. 05 | 1868. 16 | 26. 91 | 0. 03 |
| DTH 17 | 1163 | 486. 96 | 23. 71 | 6262. 65 | 1708. 66 | 20. 60 | 0. 03 |
| DTH 18 | 1333 | 471. 54 | 24. 56 | 7471. 25 | 1129. 55 | 19. 27 | 0. 08 |
| DTH 19 | 1087 | 328. 71 | 19. 31 | 4127. 67 | 777. 01 | 17. 22 | 0. 10 |
| DTH 20 | 1320 | 590. 23 | 32. 07 | 13971. 95 | 1219. 48 | 18. 27 | 0. 12 |
| DTH 21 | 1277 | 545. 14 | 24. 79 | 9227. 81 | 1156. 13 | 22. 60 | 0. 09 |
| DTH 22 | 1227 | 444. 78 | 22. 07 | 7317. 99 | 945. 77 | 20. 18 | 0. 10 |
| DTH 23 | 1067 | 420. 64 | 19. 48 | 6236. 63 | 871. 31 | 22. 21 | 0. 11 |
| DTH 24 | 1617 | 788. 62 | 25. 12 | 14073. 74 | 1632. 23 | 31. 36 | 0. 07 |
| DTH 25 | 1677 | 786. 30 | 34. 61 | 19243. 21 | 1969. 07 | 22. 62 | 0. 07 |
| DTH 26 | 1400 | 638. 52 | 33. 31 | 14132. 13 | 1365. 04 | 19. 18 | 0. 10 |
| DTH 27 | 1410 | 506. 45 | 25. 24 | 7651. 44 | 1133. 19 | 20. 03 | 0. 09 |
| DTH 28 | 1600 | 716. 77 | 23. 88 | 11588. 69 | 1840. 24 | 29. 90 | 0. 05 |
| DTH 29 | 1220 | 448. 85 | 24. 33 | 7052. 46 | 940. 44 | 18. 61 | 0. 10 |
| DTH 30 | 1840 | 798. 22 | 29. 13 | 14192. 46 | 1938. 42 | 27. 38 | 0. 05 |
| DTH 31 | 1303 | 744. 99 | 27. 66 | 15262. 03 | 1524. 45 | 28. 13 | 0. 09 |
| DTH 32 | 1347 | 675. 17 | 32. 07 | 16581. 34 | 1390. 16 | 21. 17 | 0. 11 |
| DTH 33 | 1533 | 722. 01 | 25. 69 | 13608. 65 | 1496. 59 | 29. 08 | 0. 07 |
| DTH 34 | 1373 | 670. 52 | 25. 57 | 13034. 23 | 1373. 74 | 27. 80 | 0. 09 |
| DTH 35 | 1653 | 887. 82 | 34. 84 | 23752. 91 | 1853. 11 | 25. 49 | 0. 09 |
| DTH 36 | 1313 | 506. 45 | 25. 46 | 9213. 8 | 1092. 69 | 19. 92 | 0. 10 |
| DTH 37 | 1677 | 718. 23 | 30. 04 | 12666. 04 | 1908. 62 | 24. 08 | 0. 05 |
| DTH 38 | 1367 | 452. 93 | 25. 74 | 7632. 08 | 937. 99 | 17. 69 | 0. 11 |
| DTH 39 | 1250 | 443. 62 | 26. 19 | 7490. 56 | 1033. 76 | 17. 32 | 0. 09 |
| DTH 40 | 1603 | 528. 85 | 28. 85 | 10617. 63 | 1233. 04 | 18. 40 | 0. 09 |
| DTH 41 | 1383 | 612. 05 | 32. 35 | 14410. 47 | 1267. 53 | 19. 40 | 0. 11 |
| DTH 42 | 1150 | 519. 55 | 25. 46 | 9900. 14 | 1106. 29 | 20. 69 | 0. 10 |
| DTH 43 | 1440 | 598. 96 | 22. 64 | 9491. 75 | 1228. 68 | 26. 46 | 0. 08 |

## （二）结果与分析

本研究结果的统计分析主要依据常规的数理统计方法，运用SPSS 16.0统计分析软件对洞庭湖野生菰种质资源各性状的平均值、标准差和变异系数进行分析，以及对洞庭湖各野生菰居群进行聚类分析和方差分析。采用Pearson简单相关系数对野生菰的各叶面形态性状和地理相关因素进行相关性分析。

### 1. 叶面性状变异分析

表型多样性分析简单直观，长期以来，种质资源鉴定及育种材料的选择一般都是依据表型特征分析进行的，人们普遍采用表型特征分析对品种进行识别和检测遗传变异。表型多样性在遗传多样性与环境多样性的共同作用下会呈现出丰富的变异，而植物叶片各表型性状的变异程度在一定程度上也是反映该种植物遗传变异大小的一个重要信息。对洞庭湖野生菰种质资源各性状的平均值、标准差和变异系数的分析结果表明，该地区野生菰种质资源各个性状均存在不同程度的变异，形态变异丰富，平均变异系数为23.52%（见表3-9）。其中，叶面积的变异系数最大，CV值为37.95%；其次是形状因子和周长，CV值分别为28.84%和24.32%；变异系数较小的为株高、长度和长宽比；变异系数最小的为株高，CV值为13.53%。这说明不同的性状对同一生态因子的反应是不同的，或者同一性状对不同生态因子的反应也是不同的。

表 3-9 洞庭湖野生菰叶片表型形状变异分析

| 测量项目 | N | 极小值 | 极大值 | 均值 | 标准差 | 变异系数（%） |
| --- | --- | --- | --- | --- | --- | --- |
| 株高 | 43 | 1067.00 | 1840.00 | 1378.86 | 186.57 | 13.53 |
| 长度 | 43 | 328.71 | 887.82 | 592.29 | 128.84 | 21.75 |
| 宽度 | 43 | 18.35 | 35.74 | 26.03 | 4.53 | 17.39 |
| 叶面积 | 43 | 4127.67 | 23752.91 | 10822.32 | 4107.43 | 37.95 |
| 周长 | 43 | 777.01 | 1969.07 | 1358.56 | 330.42 | 24.32 |
| 长宽比 | 43 | 16.35 | 36.57 | 23.21 | 4.84 | 20.86 |
| 形状因子 | 43 | 0.03 | 0.12 | 0.08 | 0.023 | 28.84 |
| 均值 | | | | | | 23.52 |

2. 聚类分析

通过欧式距离对洞庭湖流域43个野生菰居群进行系统聚类分析。图3-5反映的是每一阶段的聚类结果，可以看到，聚合系数随分类数的变化而变化。当分类数为3时，曲线变得比较平缓，因此43个居群分四类较为适宜。从图3-6可以看出，将43个居群聚为四类时，第一类由西港镇白莲村（DTH 35）单独组成；第二类由长春镇莲竹村（DTH 25）、蒋家嘴镇叶家障村（DTH 32）和岳阳市百弓墩（DTH 11）组成；第三类由四湖山镇华兴村（DTH 30）、茈湖口镇马王村（DTH 24）、岩汪湖镇先锋村（DTH 33）、茶盘州镇鹅洲村（DTH 41）、沅江市铁家村（DTH 26）、杨林寨乡合胡村（DTH 20）、三眼塘镇河渡桥村（DTH 31）、岳阳县建新防汛大队（DTH 14）、鸭子港乡新进村（DTH 34）、岳阳县岳华村（DTH 12）、北洲子镇四分场三队（DTH 37）和岳阳县群合村（DTH 7）组成；第四类由南大膳镇华东村（DTH 42）、南大膳镇三港子头（DTH

43）、南大膳镇六合村（DTH 36）、湘滨镇向家湾（DTH 21）、岳阳市双五村（DTH 10）、黄沙街镇陈家屋（DTH 8）、岳阳县先锋村（DTH 6）、湘阴县东网村 1 组（DTH 15）、良心堡镇团结村（DTH 40）、岳阳县横岗（DTH 13）、岳阳市君山区（DTH 9）、草尾镇小周家坪（DTH 28）、麻塘镇春风村（DTH 4）、磊石乡磊石村（DTH 19）、麻塘镇北湖村（DTH 3）、营田镇屈原村（DTH 17）、柳潭乡新坪村（DTH 23）、岳阳市街子坳（DTH 2）、三塘镇吴工村（DTH 16）、湘滨镇庄家村（DTH 22）、注滋口镇新港村（DTH 38）、草尾镇安南村（DTH 27）、良心堡镇团洲（DTH 39）、营田镇三分场二队（DTH 18）、岳阳县立新村（DTH 5）、四湖山镇冯家湾（DTH 29）和洞庭新城南湖（DTH 1）组成。从表 3 – 8 可以看出，第一类西港镇白莲村（DTH 35）叶面积最大且植株较高，面积为 23752. 91 平方毫米，株高为 1653 毫米；第二类长春镇莲竹村（DTH 25）、蒋家嘴镇叶家障村（DTH 32）和岳阳市百弓墩（DTH 11）的形状因子普遍较大；第三类植株高度适中；第四类植株普遍较低。

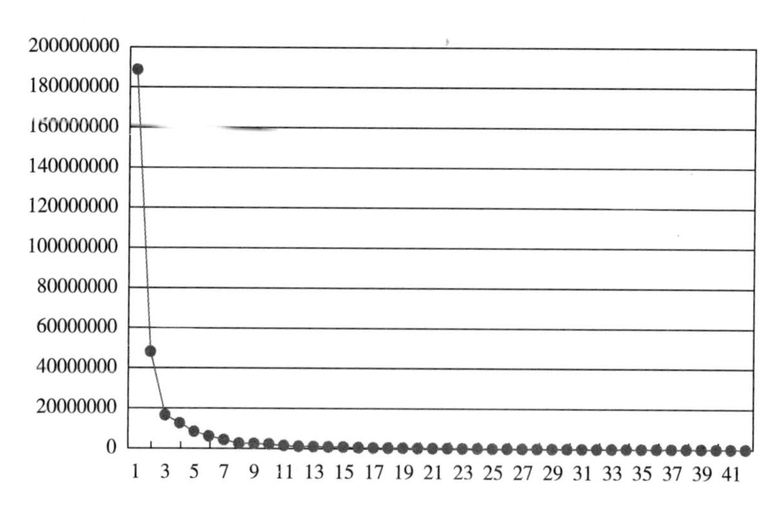


**图 3 – 5　聚合系数随分类数变化情况**

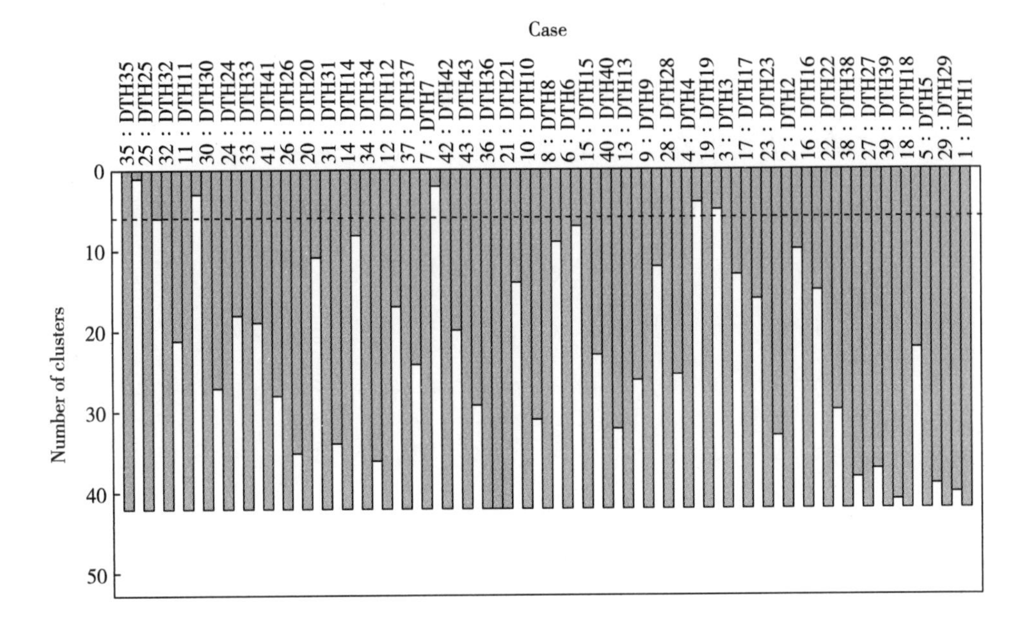


**图 3－6　洞庭湖 43 个野生菰居群系统聚类冰柱图**

# 四、问题及建议

## （一）存在的问题

洞庭湖地区对野生菰保护的相关政策和法规还不完善，对野生菰的保护力度还有待加强。由于洞庭湖地区河域污染以及人类的生产活动，野生菰的生存环境发生变化，野生菰的种质资源正在逐年减少。影响野生菰生长的主要原因有以下几点：一是人工重建湖边，野生菰被消灭。在高压政策和利益驱动下，人们为了扩大湖边规模，违背自然规律，对湖边的野生菰采取火烧药杀、人为砍伐，导致野生菰大量被消灭。二是人工采摘、食用，野生菰繁殖面积缩小。每年6~7月，野生菰的幼茎随水而长，适宜食用，人们争相采摘，野生菰成了湖区蔬菜上品。由于过度采摘，野生菰种群减少，繁殖缓慢。三是围湖造田，喷洒农田化肥。人们为了围湖造田，对湖边的野生菰大量喷洒农田化肥，导致生长环境退化，破坏了野生菰的生长繁殖地；对野生菰成片毁坏，将菰苗连根拔起，根死苗亡，加速了野生菰的衰亡。四是人工养殖鱼塘，牲畜对野生菰啃食践踏。野生菰生长繁殖地，也是小鱼小虾的集群地，人们人工养殖鱼塘，在鱼塘使用布围子、虾掩和高阵网，滥捕滥捞的同时，对野生菰成片毁坏。同时，湖边的野生菰种群也遭到了牲畜的啃食践踏。洞庭湖上游农业开发导致水土流失，增加了水流的含泥量，淤积速度加快，也影响野生菰的正常生长。五是环境污染。洞庭湖流域内仅有少量的大型工厂有污水处理设备，大部分较小的工厂的污水没有经过处理后直接排放，严重污染了水质。工业污水、生活污水和生活垃圾的排放破坏了生态环境，导致该地区生态环境恶化，水污染严重，严重影响野生菰的生长。六是南荻和芦苇面积的扩张。全国各地纸厂来湖区竞相争购，促进了荻、芦的迅速扩张（人工栽植），全流域内芦苇地大规模扩散，导致原生湿地植物野生菰被替代。湖中稗草混生，水藻生长较为茂密，给野生菰带来生长竞争压力。

### （二）保护及可持续利用的建议

首先，建立和健全野生菰保护措施，加强对洞庭湖地区菰地的保护，保护野生菰的生长；关停污染企业；建立保护区；结合湿地生物多样性和生态系统的保护与管理中突出的物种保护、生境恢复、

生态旅游、生态农渔产业、生态补偿、封闭管理和基础建设等工作需要，针对性地选择四个典型的社区开展“和谐社区”管理实践。其次，清理灌溉沟渠，清除淤积以增加湖盆的容量，在西洞庭湖和灌溉沟渠进行大型的清淤项目。再次，集中于湖盆内农业开发，并为改进环境保护及控制小型工业污染做出规定；减少流入洞庭湖的主要河流集水区的土壤侵蚀；对直接利用、追求短期效益、造成生境破坏为主的生产经营模式进行调整。最后，调整人工植被的面积和布局。杨树、南荻和芦苇是造纸的重要原料，维持一定的经营面积是必要的，但不能与原生的动植物种群、群落争夺生存空间与资源，即在保护优先的原则下发展人工植被。缩小人工植被的面积，改变人工植被的布局。

## 第三节　太湖野生菰种质资源调查

太湖为中国第三大淡水湖，地处长三角地带，是周边大中城市上海、常州、苏州、无锡等的重要水源地，并且太湖兼具着该地区的气候调节、维护生物多样性、旅游、养殖、灌溉、蓄洪、蓄水、输沙、土壤保持、航运、供水、纳污净化等功能，直接影响着长三角地区的生态环境和经济发展，是该地区的核心资源，具有重大的生态价值和社会经济影响力。近五十年来，由于人类不当的生产活动造成环境污染，太湖湖岸线不断萎缩，水草资源量逐年下降，沉积物中的污染物浓度不断升高，湖区富营养化进一步加深，生态环境遭到了严重的破坏。

芦苇和菰是太湖地区主要的挺水植物（见图3－7）。芦苇总面积约为1.7万亩，西岸的芦苇长势茂盛，连续性强，从无锡马山开始到吴兴县七都，形成了明显的芦苇带，东西茭咀的芦苇群丛长势也很茂盛。菰总面积约有8万亩，主要分布在东太湖沿湖、杨湾附近及吴江区所属的太湖梢湖面上，其中东太湖菰面积为6.4万亩。随着生态环境的破坏，菰面积大幅度下降。本次开展太湖流域野生菰生境踏查，意在了解太湖地区野生菰的分布、生长状况、居群特征等信息，有利于太湖地区野生菰种质资源的调查、收集、保护、开发、利用和推广，为今后建立和健全太湖野生菰种质资源的保护措施提供理论依据，从而达到保护太湖生物多样性、维护生态平衡的目的。

**图3－7　太湖野生菰群落18/苏州市吴中区周家河村摄**

# 一、自然地理概况

## （一）地理位置

太湖位于长江三角洲南部，介于北纬 30°55′40″～31°32′58″，东经 119°52′32″～120°36′10″之间。湖面形态如向西突出的新月，湖盆的地势由东向西倾斜，呈浅碟形。底部地形十分平坦，平均坡度为 0°0′19.66″，湖底平均高程为 1.1 米。湖泊面积为 2427.8 平方千米，是我国长江中下游地区著名的五大淡水湖泊之一。湖泊平均水深 1.89 米，最大水深 2.6 米，是一个典型的浅水湖泊。该流域属典型的亚热带季风气候区，年平均气温为 14.9～16.2℃，年降水量为 1000～1400 毫米，无霜期 220～246 天。

## （二）水系构成

太湖流域河道总长约 12 万千米，河道密度达 3.25km/km$^2$，河流纵横交错，湖泊星罗棋布，是全国河道密度最大的地区，也是我国著名的水网地区。流域内河道水系以太湖为中心，分上游水系和下游水系两个部分。上游主要为西部山丘区独立水系，有苕溪水系、南河水系及洮滆水系等；下游主要为平原河网水系，主要有以黄浦江为主干的东部黄浦江水系（包括吴淞江）、北部沿江水系和南部沿杭州湾水系。京杭运河穿越流域腹地及下游诸水系，全长 312km，起到水量调节和承转作用，也是流域的重要航道。

## 二、太湖野生菰种质资源调查

### （一）前人研究成果

太湖作为一个得到广泛关注的富营养化水体，其水生植被的研究工作也得到了广泛的开展。历史上针对太湖的全面植被调查大体分为三个阶段：第一阶段是新中国成立后为了开发利用太湖水生生物资源进行的综合性调查；第二阶段是改革开放以后从渔业生产的合理开发角度进行的水生植物生产力调查；第三阶段是1990年以后随着富营养化污染的日益严重进行的富营养化机理研究中涉及的植被调查。此后的太湖植被调查仅限局部湖区，针对全湖水生植被的全面系统调查已经有近二十年未见报道。

#### 1. 1960年以来太湖水生植被的演变

赵凯等于2014年夏季对太湖水生植被进行了调查，并结合历史资料，比较分析了1960年以来太湖水生植被的演变情况。结果表明：1960年以来，共有23种水生植物从太湖消失。太湖水生植被总体呈北部湖区和西部湖区裸露，东北、东部、南部湖区广泛分布的格局。根据水生植物群落优势种组成，将太湖水生植被划分成10种群落类型，以挺水植物为主要优势种的群落类型主要分布在东部湖区的东太湖和胥湖近岸区，其他湖区近岸区也有小面积分布，主要优势种有芦苇、菰和莲。

从东太湖水生植被群落组成来看，1960年，东太湖优势种为挺

水植被菰和芦苇；1981 年，挺水植被中菰的优势度上升，芦苇仅占少量；1987 年和 1988 年，菰分布区面积和生物量均远大于芦苇；1997 年，东太湖芦苇和菰的分布区面积均有所上升。从 2002 年开始，东太湖菰和芦苇分布区面积锐减。2014 年，东太湖挺水植被分布区面积进一步下降，仅沿岸有少量芦苇群落分布，菰和莲仅在围网外围有人工栽培。

2. 太湖水生维管束植被调查

鲍建平等于 1988 年对太湖水生植被的主要种类及其分布进行了调查。东太湖的调查结果表明，东太湖共有水生植物 61 种，隶属 29 科 45 属，按生态类型可分为四大类：挺水植物、浮叶植物、漂浮植物和沉水植物。芦苇带外水深 1m 范围内是菰，菰丛中及紧靠菰外围有少量浮叶植物，菰群丛外面至湖心是沉水植物。挺水植物主要有菰及少量的芦苇、蓼科植物和野慈姑。菰为优势种，几乎遍布东太湖沿湖两岸，平均每平方米约 39 株，湿重 5. 275 千克，面积约 7. 5 万亩，约占东太湖水面的 36% 。东太湖共计约有菰 19. 5 亿株，总生物量约 26. 4 万吨。西太湖的水生植物种类和产量要远低于东太湖。优势种是芦苇，其次为苦草、聚草和马来眼子菜。芦苇生长在于岸线至水深 1. 4 米以内的区域，几乎遍布石堤外的所有岸线，且生长茂盛，构成明显的芦苇带，面积约为 14380 亩，生物量为 6. 9 千克/平方米，总生物量约 6. 62 万吨，与 1981 年相比减少了约 1 万吨。此外，刘伟龙等于 2002 ~2005 年对西太湖进行了调查，结果也表明西太湖挺水植物仅有芦苇一种。

3. 东太湖挺水植被结构

谷孝鸿于2002年对东太湖挺水植被结构进行了调查，结果表明：春季挺水植被分布面积为10.2平方米，占植被总面积的7.75%。主要植被类型有芦苇群丛、菰群丛、菰－莲群丛，主要伴生种类有野菱、伊乐藻、菹草、菜、槐叶萍等。芦苇群丛下层还有少量的蓼、空心莲子草、水葱、满江红、李氏禾等；菰群丛下面有水鳖、金银莲花、睡莲、微齿眼子菜和金鱼藻等；菰－莲群丛中菰和莲两者杂合镶嵌分布，下层有芡实、黑藻、狸藻等伴生。夏季挺水植被分布与4月初差异不明显，只是在盖度、植株高度、生物量等方面有一定差异。

1960年，东太湖水生植物群落主要是以沿岸带沼泽地的芦苇为优势建群种。1981年，东太湖水生植物群落主要以沼泽挺水植物菰为优势建群种。1996年，东太湖水生植物群落主要以沼泽挺水植物菰为优势建群种。2002年，东太湖水生植被挺水沼泽植物很少，主要以外来种伊乐藻和无根植物金鱼藻为优势建群种（见图3－8）。

### （二）太湖野生菰种质资源调查

太湖规划建设较完善，太湖西侧、南侧和北侧都有环湖公路，调查居群基本位于太湖水岸边。本课题组于2015年5月13～16日对太湖流域野生菰这一重要优势种进行了绕湖一周的种质资源生境踏查，共调查到野生菰居群40个（见表3－10），范围覆盖无锡市、苏州市、吴江市、湖州市及宜兴市。从调查结果可知，环太湖一周均有野生菰分布，但东太湖野生菰分布面积较大且较为密集，其余

湖区以芦苇居多，野生菰居群面积较小且呈小块零散状分布。

**图3-8　太湖野生菰群落13/无锡市滨湖区环湖大堤摄**

**表3-10　太湖野生菰种质资源调查**

| 编号 | 市（县） | 区（县） | 地点 | 经度 | 纬度 | 海拔（米） |
|---|---|---|---|---|---|---|
| TAI 1 | 无锡市 | 滨湖区 | 太湖中央五里湖 | 120°24′25″ | 31°51′92″ | 12.81 |
| TAI 2 | 无锡市 | 滨湖区 | 蠡湖 | 120°22′79″ | 31°52′76″ | -7.34 |
| TAI 3 | 无锡市 | 滨湖区 | 盘鸟咀 | 120°14′03″ | 31°51′32″ | 16.94 |
| TAI 4 | 无锡市 | 滨湖区 | 大东山 | 120°12′67″ | 31°42′13″ | 20.18 |
| TAI 5 | 无锡市 | 滨湖区 | 和平村 | 120°08′12″ | 31°40′84″ | 11.47 |
| TAI 6 | 无锡市 | 宜兴区 | 陈墅村 | 120°01′89″ | 31°47′68″ | -2.20 |
| TAI 7 | 无锡市 | 宜兴区 | 师渎村 | 119°98′44″ | 31°39′52″ | 14.40 |
| TAI 8 | 无锡市 | 宜兴区 | 陈家村 | 119°94′83″ | 31°36′99″ | 14.16 |
| TAI 9 | 无锡市 | 宜兴区 | 峈泗渎 | 119°93′39″ | 31°33′35″ | 11.70 |
| TAI 10 | 无锡市 | 宜兴区 | 渭渎村 | 119°90′91″ | 31°28′73″ | 9.27 |
| TAI 11 | 无锡市 | 宜兴区 | 白泥村 | 119°88′39″ | 31°22′62″ | 14.13 |

续表

| 编号 | 市（县） | 区（县） | 地点 | 经度 | 纬度 | 海拔（米） |
|---|---|---|---|---|---|---|
| TAI 12 | 无锡市 | 滨湖区 | 滨湖社区 | 120°28′42″ | 31°44′33″ | 10.84 |
| TAI 13 | 无锡市 | 滨湖区 | 环湖大堤 | 120°33′14″ | 31°45′70″ | 9.94 |
| TAI 14 | 苏州市 | 相城区 | 朱家桥 | 120°41′81″ | 31°42′52″ | 15.57 |
| TAI 15 | 苏州市 | 虎丘区 | 余港里村 | 120°40′10″ | 31°35′40″ | 27.27 |
| TAI 16 | 苏州市 | 吴中区 | 北沟村 | 120°40′16″ | 31°30′08″ | 17.41 |
| TAI 17 | 苏州市 | 吴中区 | 桑园村 | 120°40′23″ | 31°25′05″ | 6.27 |
| TAI 18 | 苏州市 | 吴中区 | 周家河 | 120°38′79″ | 31°21′88″ | 8.94 |
| TAI 19 | 苏州市 | 吴中区 | 新麓西桥 | 120°47′95″ | 31°21′08″ | 17.06 |
| TAI 20 | 苏州市 | 吴中区 | 东陆村 | 120°46′07″ | 31°16′61″ | 34.91 |
| TAI 21 | 苏州市 | 吴江区 | 东太湖度假村 | 120°59′95″ | 31°12′55″ | 8.51 |
| TAI 22 | 苏州市 | 吴江区 | 苑北村 | 120°60′22″ | 31°09′39″ | 27.04 |
| TAI 23 | 苏州市 | 吴江区 | 王焰村 | 120°56′72″ | 31°06′48″ | 16.41 |
| TAI 24 | 苏州市 | 吴江区 | 上草圩 | 120°55′43″ | 31°05′24″ | 16.41 |
| TAI 25 | 苏州市 | 吴江区 | 南湖村 | 120°54′14″ | 31°04′48″ | 33.42 |
| TAI 26 | 苏州市 | 吴江区 | 老呆田 | 120°51′53″ | 31°03′07″ | 24.59 |
| TAI 27 | 苏州市 | 吴江区 | 叶家港村 | 120°51′54″ | 31°01′52″ | 20.63 |
| TAI 28 | 苏州市 | 吴江区 | 曙光村 | 120°46′94″ | 30°98′55″ | 33.42 |
| TAI 29 | 苏州市 | 吴江区 | 六苏浜 | 120°42′35″ | 30°96′48″ | 29.84 |
| TAI 30 | 湖州市 | 吴江区 | 谈家湾 | 120°39′18″ | 30°94′51″ | 10.22 |
| TAI 31 | 湖州市 | 吴江区 | 晟溇 | 120°35′12″ | 30°94′50″ | 15.38 |
| TAI 32 | 湖州市 | 吴江区 | 新浦村 | 120°33′55″ | 30°94′13″ | 14.42 |
| TAI 33 | 湖州市 | 吴兴区 | 太湖水产村 | 120°31′10″ | 30°93′38″ | 15.03 |
| TAI 34 | 湖州市 | 吴兴区 | 许溇村 | 120°27′61″ | 30°93′06″ | 14.01 |
| TAI 35 | 湖州市 | 吴兴区 | 大溇 | 120°24′04″ | 30°92′92″ | 14.95 |
| TAI 36 | 湖州市 | 吴兴区 | 双丰村 | 120°20′53″ | 30°93′10″ | 16.62 |
| TAI 37 | 湖州市 | 吴兴区 | 张家浒 | 120°18′13″ | 30°93′46″ | 13.55 |
| TAI 38 | 湖州市 | 吴兴区 | 石桥头 | 120°15′38″ | 30°93′79″ | 14.00 |
| TAI 39 | 湖州市 | 长兴县 | 许家浜 | 120°06′90″ | 30°99′79″ | 16.38 |
| TAI 40 | 湖州市 | 长兴县 | 新塘乡 | 120°01′49″ | 31°02′62″ | 16.23 |

## 三、太湖野生菰叶面表型多样性分析

### （一）叶片测量方法

利用浙江托普仪器有限公司的 YMJ 型号（专测狭长叶片）叶面积测量仪，对太湖地区 40 个居群野生菰植株的叶长、叶宽、面积、周长、长宽比、形状因子进行测量，并利用卷尺测量株高（见图 3－9）。每个居群选取 3 个样本，样本间距为 20 米以上，每次测量设 3 次重复，所得结果取平均值，即为该居群的测量结果（见表 3－11）。要求样本叶片完整，无明显缺陷和病虫害影响。

图 3－9　野生菰叶面积测量/无锡市滨湖区大东山村摄

**表 3-11 太湖野生菰叶面性状测量结果**

| 居群编号 | 株高（毫米） | 长度（毫米） | 宽度（毫米） | 面积（平方毫米） | 周长（毫米） | 长宽比 | 形状因子 |
|---|---|---|---|---|---|---|---|
| 1 | 1530 | 475.33 | 32.35 | 9140.35 | 1013.95 | 14.87 | 0.13 |
| 2 | 1097 | 301.66 | 22.24 | 3715.36 | 921.99 | 13.70 | 0.06 |
| 3 | 1427 | 540.49 | 24.50 | 6793.67 | 1420.43 | 22.16 | 0.05 |
| 4 | 1610 | 551.25 | 28.63 | 9901.74 | 1485.96 | 19.26 | 0.07 |
| 5 | 1700 | 882.59 | 25.75 | 12868.48 | 1782.85 | 34.26 | 0.05 |
| 6 | 1440 | 500.93 | 29.92 | 8529.44 | 1121.24 | 17.06 | 0.09 |
| 7 | 1300 | 498.02 | 28.17 | 7241.07 | 1565.88 | 17.76 | 0.04 |
| 8 | 1493 | 634.74 | 30.21 | 11040.68 | 1868.60 | 20.92 | 0.05 |
| 9 | 1653 | 667.90 | 34.67 | 13036.43 | 1999.74 | 19.83 | 0.04 |
| 10 | 1610 | 646.96 | 31.33 | 12991.56 | 1351.14 | 20.79 | 0.09 |
| 11 | 1540 | 539.03 | 39.13 | 12890.35 | 1250.42 | 13.85 | 0.10 |
| 12 | 1127 | 420.93 | 21.56 | 6269.48 | 928.11 | 19.77 | 0.09 |
| 13 | 1200 | 430.53 | 26.70 | 6182.98 | 1544.43 | 16.53 | 0.05 |
| 14 | 1350 | 411.33 | 29.98 | 8125.64 | 854.98 | 13.72 | 0.14 |
| 15 | 1487 | 573.65 | 35.74 | 13472.94 | 1212.65 | 15.96 | 0.11 |
| 16 | 1000 | 521.00 | 25.18 | 9711.96 | 1098.18 | 20.51 | 0.10 |
| 17 | 1500 | 454.09 | 29.53 | 6828.63 | 1170.97 | 15.32 | 0.07 |
| 18 | 1537 | 384.27 | 27.33 | 6699.51 | 880.00 | 14.55 | 0.12 |
| 19 | 1290 | 480.56 | 25.97 | 8458.60 | 1007.89 | 18.61 | 0.11 |
| 20 | 1637 | 561.72 | 32.91 | 11218.47 | 1171.34 | 17.04 | 0.10 |
| 21 | 1470 | 486.96 | 26.82 | 9313.16 | 1045.46 | 18.17 | 0.11 |
| 22 | 1563 | 441.58 | 25.69 | 6642.93 | 1294.27 | 17.36 | 0.06 |
| 23 | 1193 | 297.59 | 25.69 | 4800.82 | 783.78 | 11.56 | 0.11 |
| 24 | 1583 | 503.25 | 32.18 | 11001.59 | 1282.54 | 15.47 | 0.08 |
| 25 | 1563 | 312.71 | 37.09 | 8015.82 | 685.75 | 8.42 | 0.21 |
| 26 | 1537 | 416.85 | 36.41 | 8891.06 | 1125.68 | 11.46 | 0.09 |
| 27 | 1533 | 277.51 | 36.25 | 6119.58 | 612.58 | 7.63 | 0.21 |
| 28 | 1373 | 527.69 | 28.06 | 8582.32 | 1336.13 | 18.85 | 0.06 |
| 29 | 1363 | 346.17 | 27.10 | 5173.32 | 984.12 | 13.08 | 0.07 |
| 30 | 1640 | 621.65 | 32.07 | 12439.79 | 1543.41 | 19.32 | 0.07 |

续表

| 居群编号 | 株高（毫米） | 长度（毫米） | 宽度（毫米） | 面积（平方毫米） | 周长（毫米） | 长宽比 | 形状因子 |
|---|---|---|---|---|---|---|---|
| 31 | 1570 | 534.09 | 32.07 | 9441.97 | 1568.38 | 16.80 | 0.06 |
| 32 | 1490 | 393.58 | 32.80 | 7652.26 | 812.47 | 12.15 | 0.15 |
| 33 | 1560 | 515.18 | 29.47 | 9421.33 | 950.59 | 17.44 | 0.13 |
| 34 | 1053 | 385.73 | 27.49 | 7467.31 | 867.00 | 13.99 | 0.13 |
| 35 | 1070 | 478.53 | 26.19 | 8256.50 | 1285.02 | 18.15 | 0.07 |
| 36 | 977 | 426.75 | 18.91 | 4800.40 | 1165.29 | 22.57 | 0.05 |
| 37 | 1007 | 461.36 | 23.20 | 6365.98 | 1163.88 | 20.90 | 0.06 |
| 38 | 1477 | 568.13 | 31.96 | 10170.70 | 1497.30 | 17.66 | 0.06 |
| 39 | 1900 | 687.10 | 31.67 | 12625.24 | 1814.45 | 21.93 | 0.06 |
| 40 | 1493 | 505.29 | 31.84 | 9591.54 | 1139.45 | 15.86 | 0.09 |

### （二）结果与分析

运用 Microsoft Excel 2007 软件计算叶面形态性状的最大值（Max）、最小值（Min）、平均值（Mean）、标准差（S）及变异系数（CV），对数量性状进行变异分析，得太湖野生菰整体变异程度。采用方差分析进一步分析太湖野生菰表观性状是否存在差异，以此来说明太湖地区菰种质资源的丰富程度。运用 SPSS22.0 软件对太湖野生菰 40 个居群叶面形态的 5 个性状进行聚类分析，了解各地区野生菰的亲缘关系。采用 Pearson 简单相关系数对野生菰的各叶面形态性状和地理相关因素进行相关性分析。

#### 1. 表型性状变异分析

通过对野生菰表型性状数据进行科学的统计分析，能了解太湖野生菰整体变异大小及居群的变异情况。受遗传因素和生存环境两个方面的影响，表观性状既有变异性又具有稳定性。表观性状是生物适应其生存环境的表现形式，同时也可以说明性状遗传的稳定性，变异系数小说明遗传稳定性好，不易受环境因素影响，分析结果如表3－12所示。

**表3－12　太湖野生菰叶片表型形状变异分析**

| 测量项目 | N | 极小值 | 极大值 | 均值 | 标准差 | 变异系数（%） |
|---|---|---|---|---|---|---|
| 株高（毫米） | 40 | 977 | 1900 | 1423.58 | 219.05 | 15.39 |
| 长度（毫米） | 40 | 277.51 | 882.59 | 491.62 | 118.73 | 24.15 |
| 宽度（毫米） | 40 | 18.91 | 39.13 | 29.37 | 4.51 | 15.36 |
| 面积（平方米） | 40 | 3715.36 | 13472.94 | 8797.27 | 2589.08 | 29.43 |
| 周长（毫米） | 40 | 612.58 | 1999.74 | 1215.21 | 329.61 | 27.12 |
| 长宽比 | 40 | 7.63 | 34.26 | 17.13 | 4.51 | 26.33 |
| 形状因子 | 40 | 0.04 | 0.21 | 0.09 | 0.04 | 44.44 |
| 均值 | | | | | | 26.03 |

变异系数（CV）是以相对数形式表示变异程度的一个统计量。当对两组或多组数据的差异程度进行比较时，因为其他变异指标大小不仅取决于数据的离散程度，还要受数据本身水平高低和计量单位的影响，所以当它们的平均数和计量单位都不同时，应采用变异系数，避免因平均数和计量单位不同影响数据结果的比较分析。因为菰7个性状的计量单位不同，因此我们选择变异系数作为指标。变异系数是标准差与平均数的比值，变异系数（CV）的数值越大说明数据的变异程度越大。

我们从表3－12中可以看出，40个居群菰样本的7个表型性状

出现较大的差异，7 个表型性状的平均变异系数为 26.03%，变化幅度为 15.36% ~44.44%，各项数据变异系数差异明显，说明太湖野生菰的变异比较丰富。按变异系数大小排序为：形状因子(44.44%) > 面积(29.43%) > 周长(27.12%) > 长宽比(26.33%) > 长度(24.15%) > 株高(15.39%) > 宽度(15.36%)。其中，宽度的变异系数最小，说明宽度的遗传稳定性较好，是菰稳定的遗传性状，变异程度相对较小；而形状因子（形状因子 $=4\pi S/L^2$，S 为面积，L 为周长）的变异系数最大，说明其遗传稳定性相对较差，变异程度比较大。不同性状的变异情况不同，可能是在生长过程中相对应的遗传物质发生变异，也可能由不同群落的土壤肥沃不同、地理环境不同、一天的光照时间不同等环境因素引起的。

2. 聚类分析

通过欧式距离对太湖流域 40 个野生菰居群进行系统聚类分析。图 3 –10 反映的是每一阶段的聚类结果，可以看到，聚合系数随分

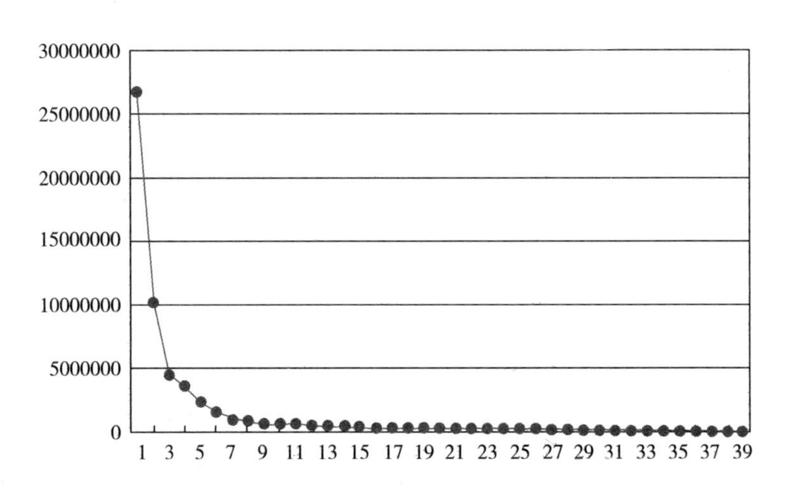


**图 3 –10　聚合系数随分类数变化情况**

类数的变化而变化，当分类数为 6 时，曲线变得比较平缓，因此 40 个居群分 6 类较为适宜。

图 3－11 为太湖 40 个野生菰居群系统聚类冰柱图，第 1 类包含居群 24、20、8；第 2 类包含居群 15、11、10、39、30、9、5；第 3 类包含居群 27、13、37、12、7、18、22、17、3；第 4 类包含居群 29、13、33；第 5 类仅有一个居群 2；第 6 类包含居群 34、32、25、14、35、26、28、19、6、38、4、16、31、40、33、21、1。

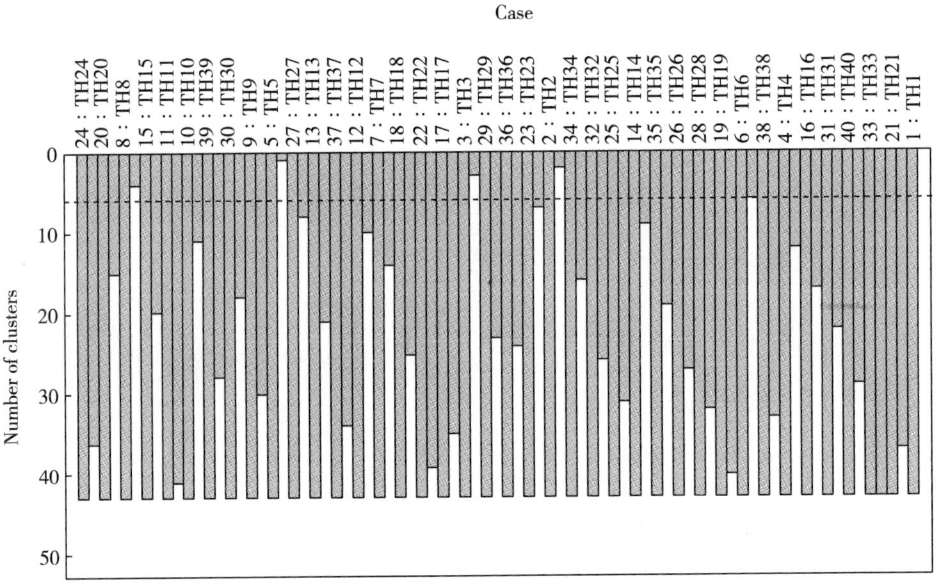

**图 3－11　太湖 40 个野生菰居群系统聚类冰柱图**

第 1 类中 3 个居群叶长区间为 503.25～634.74 毫米，叶宽区间为 30.21～32.91 毫米；第 2 类中 7 个居群叶长区间为 539.03～882.59 毫米，叶宽区间为 25.75～39.13 毫米；第 3 类中 9 个居群叶长区间为 277.51～540.49 毫米，叶宽区间为 21.56～36.25 毫米；

第 4 类中 3 个居群叶长区间为 297. 59 ~ 426. 75 毫米，叶宽区间为 18. 91 ~ 27. 1 毫米；第 5 类中 1 个居群叶长为 301. 66 毫米，叶宽为 22. 24 毫米；第 6 类中 17 个居群叶长区间为 312. 71 ~ 551. 25 毫米，叶宽区间为 25. 18 ~ 37. 09 毫米。以上说明这几个群落表型差异都很明显，受遗传变异和环境的影响很大，同时也说明太湖地区野生菰遗传多样性水平相对较高。

## 四、问题及建议

### （一）存在的问题

近 20 年来，在太湖流域工业污染大幅度增加的同时，生活污水、农田径流、网围养殖、池塘养殖等各种污染源的大量输入，不合理的收刈与利用水草资源，大量放流草食性与滤食性鱼类，向湖区乱弃废物，均大大加速了湖泊的淤积和富营养化进程。在五里湖、梅梁湾等处早已没有大型水生植物和动物。即使在环境条件最好的东太湖，对水草的破坏也极为严重，大量的网围养殖对整个水体已造成严重的污染。与此同时，太湖沉积物中污染物的量也急剧上升，淤积层的厚度不断增加，在现有污染状态下，即使不再向太湖排放任何污染物，水体的富营养化至少也将持续大约 20 年的时间。藻型化湖泊不但限制了湖区经济和渔业的可持续发展，而且对整个太湖流域均有不利的影响，在重视太湖流域生态环境建设与经济发展的同步性、适应性和前瞻性研究的前提下，加快太湖重新朝草型化湖的演变，是太湖生态治理的关键。

### （二）保护及可持续利用的建议

#### 1. 加快高等水生植物的引种移植与生态系统的修复

太湖水生植被的利用一直处于盲目混乱的状态，不少人认为收刈水草是防止富营养化的有效手段，因为通过收刈水草可带走大量的 N、P。但是，目前太湖的水草生物量和覆盖率已很低，许多湖区的水草已完全消失，即使水草分布最多的东太湖也因养殖等原因呈现斑块状或点状分布，进行必要的繁衍与扩展有相当的难度，而一旦受到草食性鱼类的过量摄食，或水华的大量发生，水草可能完全消失。人为的盲目收刈也会加速这些水草的消失。

首先，应停止对太湖沉水植被的收刈与利用，加强对浮叶植物与挺水植物的改造与利用。其次，应在整个太湖的合适地区进行水生植物的种植与恢复，种植水草应以沉水植物为主。每年有组织地进行至少两次大规模的水草种植，使太湖的水草由沿岸形成大片，并逐渐向外推移，使太湖水草的覆盖率达到 70% 以上。同时应大力研究适合太湖生长与繁衍的水草，并在较大范围内进行引种与人工栽培。部分湖区可考虑种植水葫芦、凤眼莲等，当水葫芦的面积达到一定程度时可进行相应的收刈，作为养殖用饲料。东太湖伊乐藻的引种与移植是一个较为成功的经验，应予以推广。最后，湖泊的富营养化进程与水产养殖业是同步化发展的，在种植水草的过程中，应加强对草食性与滤食性鱼类合理放养量的研究，并适当增加肉食性鱼类的比例，利用生物操纵来调节水体的富营养化和渔业小型化进程。

2. 建立人工湿地净化系统

人工湿地生态系统是基于生物圈内有机物、水和无机营养元素可无限循环的原理，对自然条件进行人工调控，综合氧化塘法和水生植物塘的优点，通过底部土壤的渗透作用及池中水生动植物的综合生态效应，以达到净化的目的。在运行中，让污水慢慢流进生长植物的地表，植物光合作用产生的氧向土壤和水中传输，污染物在水中和土壤中得到净化，经净化后的水最后流入太湖。考虑到该地区人多地少的实际情况，建立自然运行的净化用湿地不可能有足够面积的土地，只有将人工湿地工程与各种用途种植土地相结合才有发展潜力。例如，建在城区或城郊的人工湿地还可兼为绿化、美化环境的绿地，同时放养和吸引大量的野生动物，并为之提供栖息地，有望成为较好的风景区；建在农村及饲养场的人工湿地可以生产饲料，因为这里产生的污水没有重金属、有毒物质等问题；鱼塘边的人工湿地可以生产草鱼饵料等。不同用途需要选择不同的植物群，因此选择适合各种类型湿地、具有高富营养成分吸收能力的植物有重要意义。

3. 建立生态农业系统工程

使生态农业系统具有稻、麦－猪、鱼、蚌－沼气、食用菌的生产功能与特点，强化分解者亚系统沼气池的建设，并通过合理设计，使污水、废物进入沼气池中进行预处理，然后将农业污水和生活污水直接流入农田进行灌溉，以减轻农村污染对太湖的影响。

4. 加强对流域水资源的集成管理

太湖流域是我国经济最发达的地区之一，该地区乡镇企业的大规模发展取得了巨大的经济效益，但实际上是以破坏环境和资源为代价带来的高速发展。因此，调整产业结构，加强对太湖水资源的综合管理是太湖治理的关键所在。流域水资源集成管理即“集中—分散”式管理模式。“集中”体现在统一的流域管理部门进行政策、法规与标准的制定，按照市场经济的规律，通过水资源使用权与排污权的拍卖、流域内水资源管理过程中冲突各方的磋商与仲裁等手段，实现流域水资源的统一管理，形成多目标、多主体的“集成化”管理体制。“分散”则表现为各部门、地区按分工职责区域对水资源分别进行管理，即发挥部门与地区间的自主权，将水资源开发、利用与保护分解到各个部门和一些私有化公司去管理，由流域管理委员会统一协调，形成各方满意的全局优化方案。管理的核心是建立在流域各种信息系统分析的基础上的冲突分析。目前的太湖流域管理局类似于综合管理部门，但其权限仅能在防洪抗灾时起作用，而对各地区、各部门对水资源的使用与污染排放等方面却无能为力。应使流域管理局成为一个水资源集成管理的部门，才能加强对太湖流域水资源的管理。

5. 提高全民的环境保护意识

生态环境问题在很大程度上是人们的行为不当所致，太湖生态问题本质上说是人类心理、行为和社会问题。大众传播媒介在生态环境教育中发挥着重要的作用，利用大众传媒使人们树立可持续发

展的观念，增强环保意识，自觉地抵制非达标排放的情况发生。政府应在这方面进行相应的指导与鼓励，并制定相应的处罚制度和进行必要的法律制裁，将太湖的管理纳入相应的法律程序，做到有法可依。同时，在太湖流域建立类似于绿色和平组织和环境保护志愿者协会等组织，让民众能有机会参与太湖的环保活动。

## 第四节　洪泽湖菰资源现状

洪泽湖湿地位于江苏省西北部，发育在淮河中游的冲积平原上，是淮河流域最大的湖沼湿地，也是江苏省湿地生态系统的重点保护区域。作为我国第四大淡水湖，洪泽湖在防洪抗旱、调节气候、控制土壤侵蚀、保护生物多样性以及农业、渔业、畜牧业和旅游业等方面起着极其重要的作用。然而，随着淮河上游工农业生产的发展及人口增长，生产及生活污水排放量日益增加，加之围垦、养殖、泥沙淤积等原因，湖区环境容量不断减少，污染日益加重，多次发生污染事故。特别是 1994 年 7 月 23 日发生的淮河特大污染事故，造成的经济损失更是难以估量，使湖区渔业资源、生态资源和生物多样性都受到致命打击，生态环境受到严重破坏，恢复和保护湖区环境迫在眉睫。

野生菰虽然不是洪泽湖挺水植物优势种，但多伴生于芦苇群丛中，虽然面积较小，但是出现较为频繁。此次对洪泽湖地区野生菰居群进行调查，意在完善我国野生菰种质资源库的同时，达到保护洪泽湖野生菰种质资源的目的（见图 3－12）。

图 3－12　洪泽湖野生菰群落 14/宿迁市泗阳县岭南村摄

## 一、自然地理概况

洪泽湖是淮河流域最大的湖泊型水库，是中国五大淡水湖之一。洪泽湖位于江苏省西北部，苏北平原中部西侧，位于淮河中、下游结合部，淮安、宿迁两市境内。其地理位置在北纬 33°06′～33°40′，东经 118°10′～118°52′，南望低山丘陵，北枕废黄河，东临京杭大运河，西接岗坡状平原。西纳淮河、东泄黄海、南往长江、北连沂沭，淮河横穿湖区，为淮河中下游结合部。

洪泽湖湖底为浅碟形，地势较为平坦。湖西的淮河、淙潼河、濉河、安河、池河、会河、沱河等入湖河流注入洪泽湖。其中，淮河的入湖水量最大，占总入湖径流量的70%，是洪泽湖的主要补给源。排水河道主要是入江水道、淮沭新河、苏北灌溉总渠、入海水道等，位于洪泽湖东部地区，其中入江水道下泄水量约占洪泽湖总出水量的60%～70%。

该湖地处北亚热带与暖温带的过渡带，境内四季分明，雨热同步。湖区年均气温14.8℃，年均水温15.6℃，年均无霜期为240天，年均日照时数为2287.3小时，年总辐射量为$4.76\times10^5$焦/厘米，常年平均降水量为893.6毫米。光、热、降水等自然条件有利于植物的生长发育，但水位不稳定，变幅大，且水位的涨落与植物萌发生长不同步。湖水透明度为0.1～0.8米，pH值为7.2～8.1。底泥有机质含量为1.64%，总氮含量为0.09%，总磷含量为0.123%，pH值为8.2。

## 二、洪泽湖野生菰种质资源调查

### （一）前人研究成果

#### 1. 洪泽湖水生植被调查

张圣照于1988年5月～1989年9月对洪泽湖水生植被进行了实地调查。从调查结果可知，洪泽湖水生植被分布面积为550平方千米，占全湖总面积的34.44%。植被类型依据种类组成和结构可划分为以下9个群丛：芦苇群丛、蒲草+芦苇-槐叶苹群丛、芦苇+菰-李氏禾群丛、菰-莲+喜旱莲子草群丛、莲群丛、李氏禾+荇菜+水鳖群丛、菱+水鳖-马来眼子菜-金鱼藻群丛、聚萍-萡萍+黑藻+金鱼藻群丛、马来眼子菜+聚萍-苦草群丛。

其中，芦苇群丛主要分布于龙河口、淮河口的荷叶、上一撮毛、下一撮毛、旗杆、胜利、建设等诸滩以及丁滩、顺河滩、淮仁滩、淮流滩等碟形洼地的边缘高地。芦苇群丛的面积为25.6平方千米，占全湖植被面积的4.65%。群丛以芦苇为优势种，株高3~4米，有的达5米，是本湖经济价值高、利用率最好的一个群丛。其主要伴生种类有荻、荆三棱、旱苗蓼、菰、蒲草和合子草等。覆盖度8~9月最大，一般为80%~90%，部分地区可达100%，生物量约$14.5\times10^4$吨。

芦苇+菰-李氏禾群丛以芦苇、菰、李氏禾为优势种，其中芦苇长势较差，株高2~3米。多分布于沿湖的北岸及临淮头的左楼地区，面积为43平方千米，占全湖植被面积7.82%。覆盖度在8~9月最大，一般为50%~70%，生物量约$9\times10^4$吨，是本湖挺水植被中单位面积生物量最低的植被类型。群丛中伴生有荻、水葱、蒲草、莲、芡、喜旱莲子草、水蓼和线叶眼子菜等。

菰-莲+喜旱莲子草群丛呈环带状和块状分布于临滩头以北及淮河口的剪刀沟至大新滩一带。面积为58平方千米，占全湖植被面积为10.5%。群丛覆盖度一般为60%~80%，大新滩地区可达100%，生物量约$22\times10^4$吨。群丛以菰、莲及喜旱莲子草为优势种，伴生种类有芦苇、蒲草、野菱、荇菜、水鳖、狸藻和满江红等。

洪泽湖挺水植物带主要分布在12～13米高程滩地上，面积约210.3平方千米，占全湖总面积的13.17%。生物量较大且分布面积较广的种类有：芦苇、蒲草、荆三棱、菰、李氏禾、莲、水蓼等，其分布面积与生物量如表3－13所示。

**表3－13　洪泽湖挺水植物主要种类分布面积和生物量**

| 生活型 | 植物名称 | 分布面积（平方米） | 总生物量（吨） | | P/B系数 | 年生产量（吨） | | 能量（焦耳） |
|---|---|---|---|---|---|---|---|---|
| | | | 湿重 | 烘干重 | | 湿重 | 烘干重 | |
| 挺水植物 | 芦苇 | 141.5 | 192454 | 69283.4 | 1.0 | 192454 | 69283.4 | $1.14\times10^{15}$ |
| | 蒲草 | 124.0 | 132188 | 33216.5 | 1.0 | 132188 | 33216.5 | $5.45\times10^{14}$ |
| | 荆三棱 | 83.6 | 4440 | 1110 | 1.0 | 4440 | 1110 | $1.82\times10^{13}$ |
| | 菰 | 196.7 | 157318 | 39329.5 | 1.0 | 157318 | 39329.5 | $6.45\times10^{14}$ |
| | 李氏禾 | 119.0 | 172496 | 19147 | 1.2 | 206995 | 22976.4 | $3.77\times10^{11}$ |
| | 莲 | 116.1 | 173696 | 19280.3 | 1.0 | 173695 | 19280.3 | $3.16\times10^{11}$ |
| | 水蓼 | 121.9 | 10581 | 2645.3 | 1.0 | 10581 | 2645.3 | $4.34\times10^{13}$ |

2. 洪泽湖湿地水生高等植物多样性研究

南楠等于2007年4月～2008年3月对洪泽湖湿地水生高等植物进行了调研。结果表明，该地区优势种有芦苇、菰、莲、李氏禾、水蓼、喜旱莲子草、荇菜、菱、马来眼子菜、金鱼藻、聚草、菹草、黑藻、苦草、水鳖等，蕴藏量很丰富，是鱼类和鸟类的上乘饵料。

芦苇为多年生挺水植物，是湖区的宝贵资源，素有“第二森林”的美称，也是湖区景观的重要构成因素。菰是多年生挺水植物，多分布于滩头，有大面积的野生群落。莲为多年生挺水植物，呈条片状分布于滩心，并在人工实验区有大片的种植，是保护区景观构成的另一重要因素。李氏禾为多年生草本植物，是河堤外滩地常见的植物，也是保护区内的优势群落之一。空心莲子草、水鳖、满江红、槐叶萍等漂浮植物主要混生在挺水植物和浮叶植物中，多随风漂移。

### （二）洪泽湖野生菰种质资源调查

本课题组于 2015 年 5 月 17 日对洪泽湖流域野生菰进行了绕湖一周的野生菰种质资源生境踏查，共调查到野生菰居群 17 个（见表 3 – 14）。本次踏查主要延盱眙县 – 洪泽县 – 泗阳县 – 泗洪县路线进行。通过实地调查可知，野生菰在盱眙县、洪泽县及泗阳县三个县有较大范围的分布，在泗洪县几乎无踪迹（见图 3 – 13）。

**表 3 – 14　洪泽湖野生菰种质资源调查**

| 编号 | 市（县） | 县 | 地点 | 经度 | 纬度 | 海拔（米） |
|---|---|---|---|---|---|---|
| HZH 1 | 淮安市 | 盱眙县 | 小姚庄 | 118°59′28″ | 33°01′95″ | 23.43 |
| HZH 2 | 淮安市 | 盱眙县 | 新胡庄 | 118°60′59″ | 33°01′90″ | 15.35 |
| HZH 3 | 淮安市 | 盱眙县 | 林庄 | 118°66′79″ | 33°00′72″ | 26.83 |
| HZH 4 | 淮安市 | 盱眙县 | 周家洼 | 118°69′44″ | 33°03′48″ | 23.9 |
| HZH 5 | 淮安市 | 洪泽县 | 三河村 | 118°78′73″ | 33°17′74″ | 27.6 |
| HZH 6 | 淮安市 | 洪泽县 | 四坝 | 118°78′04″ | 33°15′34″ | 26.41 |
| HZH 7 | 淮安市 | 洪泽县 | 大堤信坝遗址 | 118°78′44″ | 33°17′75″ | 17.97 |
| HZH 8 | 淮安市 | 洪泽县 | 贾庄 | 118°81′26″ | 33°21′58″ | 16 |
| HZH 9 | 淮安市 | 洪泽县 | 山堆西 | 118°83′52″ | 33°24′99″ | 16.65 |
| HZH 10 | 淮安市 | 洪泽县 | 街南一组 | 118°88′93″ | 33°37′06″ | 26.01 |
| HZH 11 | 淮安市 | 淮阴区 | 张庄 | 118°73′03″ | 33°49′51″ | 3.65 |

续表

| 编号 | 市（县） | 县 | 地点 | 经度 | 纬度 | 海拔（米） |
| --- | --- | --- | --- | --- | --- | --- |
| HZH 12 | 宿迁市 | 泗阳县 | 张庄 | 118°63′75″ | 33°61′19″ | 24.06 |
| HZH 13 | 宿迁市 | 泗阳县 | 张房村 | 118°64′03″ | 33°62′62″ | 20.19 |
| HZH 14 | 宿迁市 | 泗阳县 | 岭南村 | 118°57′39″ | 33°66′30″ | 28.23 |
| HZH 15 | 宿迁市 | 泗阳县 | 庄胡村 | 118°55′22″ | 33°66′18″ | 63.1 |
| HZH 16 | 宿迁市 | 泗阳县 | 唐庄村 | 118°49′07″ | 33°64′29″ | 53.05 |
| HZH17 | 宿迁市 | 泗洪县 | 香城十一组 | 118°50′10″ | 33°45′63″ | 37.01 |

**图 3－13　洪泽湖野生菰群落 4/淮安市盱眙县周家洼村摄**

## 三、洪泽湖野生菰叶面表型多样性分析

### （一）叶片测量方法

利用浙江托普仪器有限公司的 YMJ 型号（专测狭长叶片）叶

面积测量仪，对洪泽湖地区 17 个居群野生菰植株的叶长、叶宽、面积、周长、长宽比、形状因子进行测量，并利用卷尺测量株高，测量结果如表 3 – 15 所示。每个居群选取 3 个样本，样本间距为 20 米以上，每次测量设 3 次重复，所得结果取平均值，即为该居群的测量结果。要求样本叶片完整，无明显缺陷和病虫害影响。

**表 3 – 15　洪泽湖 17 个居群叶面形态测量数值**

| 居群编号 | 株高（毫米） | 长度（毫米） | 宽度（毫米） | 面积（平方毫米） | 周长（毫米） | 长宽比 | 形状因子 |
|---|---|---|---|---|---|---|---|
| HZH 1 | 1863. 33 | 904. 11 | 42. 06 | 24992. 55 | 1954. 84 | 21. 53 | 0. 08 |
| HZH 2 | 1650. 00 | 729. 28 | 31. 50 | 12971. 66 | 1869. 86 | 25. 94 | 0. 05 |
| HZH 3 | 1810. 00 | 673. 14 | 27. 83 | 10565. 27 | 2210. 18 | 24. 50 | 0. 03 |
| HZH 4 | 1623. 33 | 850. 59 | 26. 93 | 12307. 62 | 1773. 59 | 31. 80 | 0. 05 |
| HZH 5 | 1640. 00 | 694. 96 | 26. 70 | 11785. 80 | 1754. 01 | 27. 03 | 0. 05 |
| HZH 6 | 1173. 33 | 413. 07 | 25. 01 | 5401. 97 | 1177. 13 | 17. 05 | 0. 06 |
| HZH 7 | 1813. 33 | 589. 36 | 27. 95 | 10469. 72 | 1647. 82 | 21. 17 | 0. 06 |
| HZH 8 | 1210. 00 | 527. 98 | 33. 76 | 10380. 11 | 1219. 49 | 15. 91 | 0. 09 |
| HZH 9 | 1336. 67 | 502. 96 | 25. 35 | 8000. 19 | 1127. 20 | 20. 29 | 0. 08 |
| HZH 10 | 1370. 00 | 521. 29 | 24. 05 | 7384. 34 | 1361. 29 | 21. 81 | 0. 06 |
| HZH 11 | 1526. 67 | 591. 40 | 26. 99 | 10860. 65 | 1440. 27 | 22. 07 | 0. 08 |
| HZH 12 | 1866. 67 | 716. 77 | 25. 12 | 11405. 04 | 1796. 57 | 30. 11 | 0. 05 |
| HZH 13 | 1446. 67 | 448. 56 | 21. 68 | 6005. 23 | 1208. 10 | 20. 69 | 0. 07 |
| HZH 14 | 1336. 67 | 673. 43 | 32. 35 | 16365. 34 | 1387. 84 | 21. 17 | 0. 11 |
| HZH 15 | 1496. 67 | 662. 37 | 27. 27 | 12093. 76 | 1371. 23 | 26. 26 | 0. 08 |
| HZH 16 | 1430. 00 | 521. 29 | 27. 10 | 9466. 85 | 1248. 15 | 19. 34 | 0. 09 |
| HZH17 | 1380. 00 | 662. 08 | 19. 87 | 8833. 24 | 1570. 26 | 34. 42 | 0. 05 |

### （二）结果与分析

依据常规的数理统计方法，运用 SPSS 22. 0 统计分析软件对洪

泽湖野生菰种质资源各性状的平均值、标准差和变异系数进行分析，以及对洪泽湖各野生菰居群进行聚类分析和方差分析。采用Pearson简单相关系数对野生菰的叶面形态性状和地理相关因素进行相关性分析。

1. 表型性状变异分析

表型多样性分析简单直观，长期以来，种质资源鉴定及育种材料的选择一般都是依据表型特征分析进行的，人们普遍采用表型特征分析对品种进行识别和检测遗传变异。表型多样性在遗传多样性与环境多样性的共同作用下，会呈现出丰富的变异，而植物叶片各表型性状的变异程度在一定程度上也是反映该种植物遗传变异大小的一个重要信息。

通过对野生菰表型性状数据进行科学的统计分析，能了解野生菰整体变异大小及居群的变异情况。受遗传因素和生存环境两方面的影响，表观性状既有变异性又具有稳定性。表观性状是生物适应其生存环境的表现形式，同时也可以说明性状遗传的稳定性，变异系数小说明遗传稳定性好，不易受环境因素影响。分析结果如表3－16所示。

**表3－16　洪泽湖野生菰叶片表型形状变异分析**

| 测量项目 | N | 极小值 | 极大值 | 均值 | 标准差 | 变异系数（%） |
|---|---|---|---|---|---|---|
| 株高 | 17 | 1173.33 | 1866.67 | 1527.84 | 222.04 | 14.53 |
| 长度 | 17 | 413.07 | 904.11 | 628.39 | 133.34 | 21.22 |
| 宽度 | 17 | 19.87 | 42.06 | 27.74 | 5.07 | 18.28 |

续表

| 测量项目 | N | 极小值 | 极大值 | 均值 | 标准差 | 变异系数（%） |
|---|---|---|---|---|---|---|
| 叶面积 | 17 | 5401.97 | 24992.55 | 11134.67 | 4458.99 | 40.05 |
| 周长 | 17 | 1127.20 | 2210.18 | 1536.34 | 316.45 | 20.60 |
| 长宽比 | 17 | 15.91 | 34.42 | 23.59 | 5.08 | 21.53 |
| 形状因子 | 17 | 0.03 | 0.11 | 0.07 | 0.02 | 28.57 |
| 均值 | | | | | | 23.54 |

从表3－16可以看出，洪泽湖野生菰7个表型性状的平均变异系数为23.54%，变化幅度为14.53%～40.05%，各项数据变异系数差异明显，说明洪泽湖野生菰的变异比较丰富。按变异系数大小排序为：面积(40.05%）>形状因子(28.57%）>长宽比(21.53%）>长度(21.22%）>周长(20.20%）>宽度(18.28%）>株高(14.53%)。其中，株高变异系数最小，说明株高的遗传稳定性较好，是菰稳定的遗传性状，变异程度相对较小；而面积变异系数最大，说明其遗传稳定性相对较差，变异程度比较大。不同性状的变异情况不同，可能是在生长过程中相对应的遗传物质发生变异，也可能由不同的群落土壤不同、地理环境不同、一天的光照时间不同等环境因素引起的。

2. 聚类分析

通过欧式距离对洪泽湖流域17个野生菰居群进行系统聚类分析。图3－14反映的是每一阶段的聚类结果，可以看到，聚合系数随分类数的变化而变化，当分类数为4时，曲线变得比较平缓，因此17个居群分4类较为适宜。

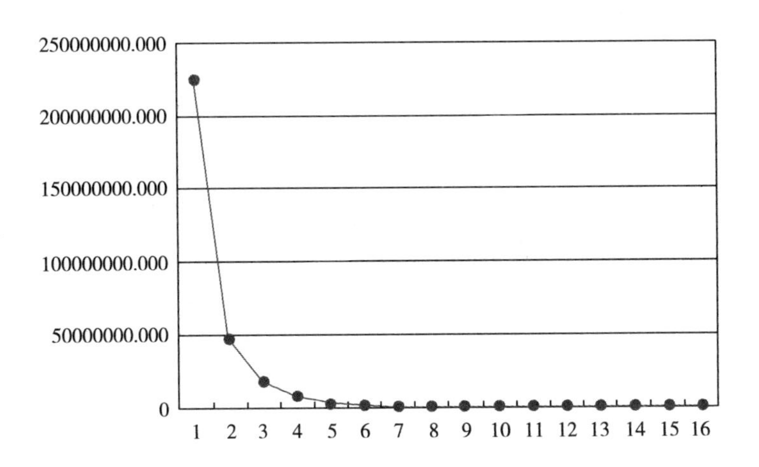


**图 3－14　聚合系数随分类数变化情况**

从图 3－15 和图 3－16 可以看出，洪泽湖野生菰居群聚为 5 类：第 1 类为居群 14；第 2 类包含居群 17、16、10、9；第 3 类包含居群 13 和 6；第 4 类包含居群 8、11、7、3、12、5、15、4、2；第 5 类仅由居群 1 构成。

第 1 类中仅由居群 14 构成，其叶长为 673.43 毫米，叶宽为 32.35 毫米；第 2 类中 4 个居群叶长区间为 502.96～662.08 毫米，叶宽区间为 19.87～27.1 毫米；第 3 类中 2 个居群叶长区间为 413.07～448.56 毫米，叶宽区间为 21.68～25.01 毫米；第 4 类中 9 个居群叶长区间为 527.98～850.59 毫米，叶宽区间为 25.12～33.76 毫米；第 5 类仅由居群 1 构成，其叶长为 904.11 毫米，叶宽为 42.06 毫米。这说明洪泽湖野生菰居群表型差异明显，受遗传变异和环境的影响较大，同时也说明洪泽湖地区野生菰遗传多样性水平相对较高。

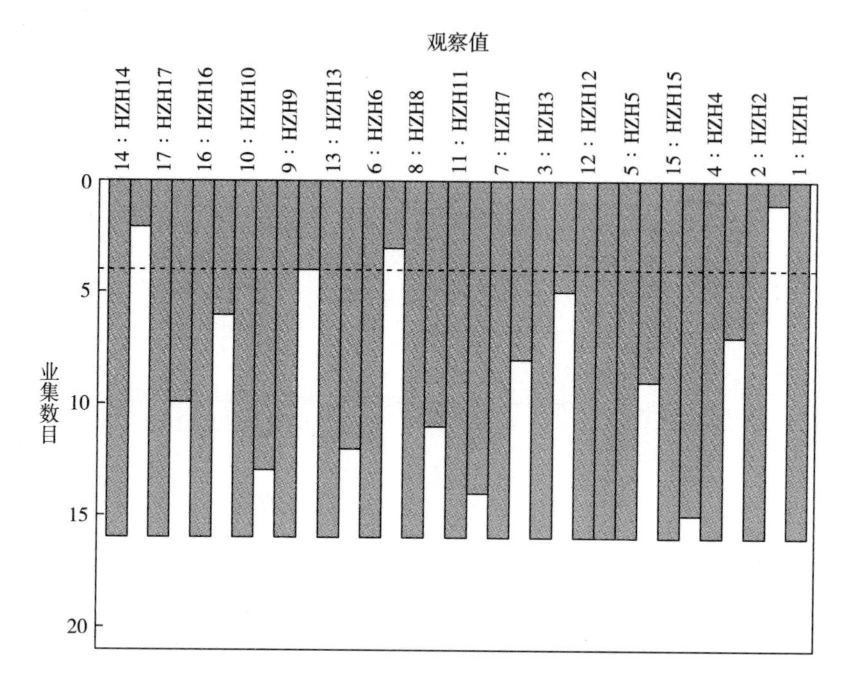


**图 3－15　洪泽湖 17 个野生菰居群系统聚类冰柱图**

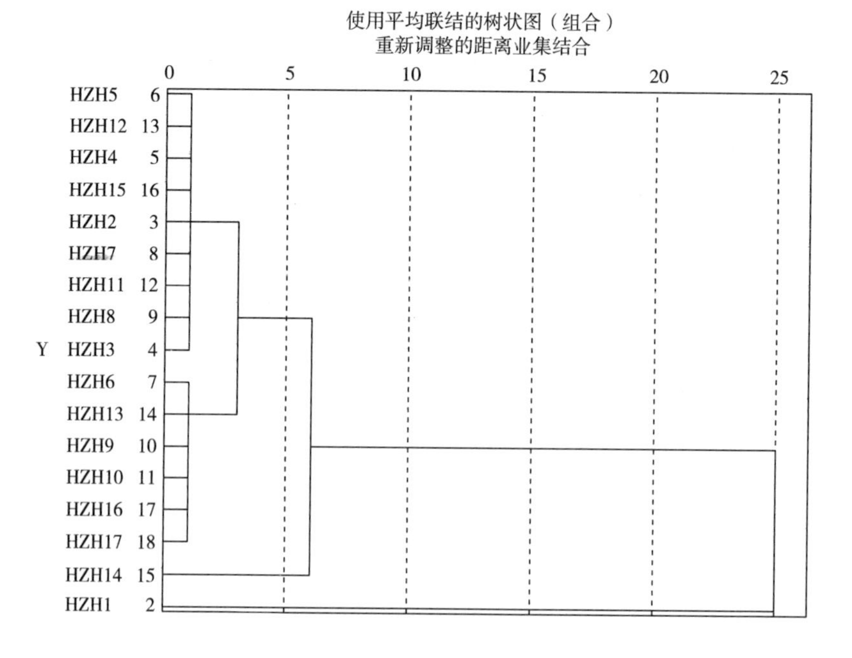


**图 3－16　洪泽湖野生菰居群树状聚类图**

## 四、问题及建议

### （一）存在的主要生态环境问题

#### 1. 生物多样性降低

据统计，由于水质污染及灾害频发，加之生物资源的不合理利用，物种无论从种类还是从个体的数量都大大减少。大面积水草和菰被连根拔起作为精养鱼塘的饵料，水生生物受到严重破坏。近年来，由于围网养殖技术的推广，沿湖各乡在湖边湿地大规模进行围网及围栏养殖，湖滩湿地通常被分割承包，致使鸟类、野生鱼类无法在湿地栖息与繁殖，大面积水生生物遭到破坏，湿地资源退减，不仅直接破坏了湖区原有的生态系统结构，还导致原生植被消失，生物多样性下降。

#### 2. 生物入侵

外来物种的入侵逐渐成为洪泽湖生物多样性下降的重要因素之一。已有调查发现，在洪泽湖许多地区发现了大量的水花生。水花生的大量滋生，不仅会导致大量乡土物种消失，降低群落生物多样性，甚至会形成单一优势群落，引发生态灾难。水花生死后腐烂，使水质恶化，滋生病原生物，威胁人类健康。

### （二）对策和建议

第一，严格控制上游来水，建立湿地生态系统网络监测体系进行动态监测。及时掌握系统动态，展开分析、研究，为湿地决策提供科学依据，以便迅速采取对策，促进洪泽湖湿地生态系统的良性循环。

第二，充分利用水利设施，蓄泄并重，使水位趋于稳定，为洪泽湖生态环境的修复创造稳定的水环境，必要时采取有效的生态补水措施。

第三，加强管理，实现可持续发展，制定和完善保护湿地的地方法规。从长远的、全局的观点出发，进行统筹规划、综合开发，湿地的保护、开发、利用相协调，实现经济、社会、生态效益的可持续发展。

第四，建立生物多样性信息系统。生物多样性信息系统是以现代数据库为核心，在计算机硬软件的支持下，实现对生物多样性数据的管理，以帮助管理者对生物多样性保护和可持续利用做出科学的决策和管理策略。

第五，发展特色经济，防止面源污染。生态安全型农业是维持区域生态环境健康前提下的持续农业。充分利用当地丰富的泥炭资源作为有机肥料，减少农田化肥施用量，从而减轻湿地的富营养化程度。

第六，多层次综合生产。在洪泽湖湿地外围，主要体现生物生产及加工功能。距居民点一定距离分布生态畜禽养殖场及生态农副产品加工厂，养殖场及加工厂外为生态模式。在农、牧、林、渔各行业横向并联的基础上，向各行业投入、产出端发展，在投入端建立水草饲料及芦苇加工并进行多级利用，在产出端建立鱼畜等产品加工销售业，利用农副产品与畜禽养殖组成联合。

# 第五节　巢湖菰资源现状

巢湖是我国五大淡水湖泊之一，曾是野生菰大面积分布的区域，而今巢湖流域野生菰资源已濒临灭绝。通过本次对巢湖流域野生菰种质资源的调查分析，了解和掌握巢湖野生菰的生长状况、居群特征、生境等各方面信息，有利于该地区野生菰种质资源的保护和核心种质资源库的建立，为今后开展巢湖野生菰种质资源的保护研究提供科学依据。

## 一、自然地理概况

巢湖介于东经 117°16′54″～117°51′46″，北纬 30°25′28″～31°43′28″之间，因形如鸟巢而得名，是我国五大淡水湖之一，是长江下游重要的生态湿地，是抚育江淮儿女的母亲湖。巢湖位于安徽省中部，长江下游左岸，水域面积为 800 平方千米，流域面积为 13486 平方千米，共有大小河流 33 条，呈放射状汇入巢湖。主要环湖河流有 9 条，其中丰乐河、派河、南淝河、白石天河 4 条河流是巢湖水体的主要来源，占流域径流量的 90% 以上。裕溪河与长江沟通，是巢湖入长江的唯一河道。以忠庙—姥山—齐头嘴为界，将巢湖划分为东、西两大湖区。东湖一般水深 3～4 米，湖岸多岩石陡坡；西湖水深 2 米，湖岸多河滩。

## 二、巢湖野生菰种质资源调查

1954 年以前，巢湖水生植被呈大片分布，甚至影响了主航道的正常运行，植被面积多达 30 万亩，约占该湖泊面积的1/4，主要有马来眼子菜、菹草、菰和芦苇等，野生菰分布范围较大。

从 20 世纪五六十年代开始，由于洪水、建闸、养殖和污染等因素的影响，巢湖的水生植物在数量和种类上都迅速减少，野生菰分布面积锐减。

卢心固于 1981 ~ 1983 年对巢湖水生植被进行了调查，从调查结果可知，该湖以菹草和芦苇为优势种，野生菰（茭白/茭笋）分布很少，主要见于马尾河附近。

1984 ~ 2009 年未查到正式发表的关于巢湖水生植被调查的文章，仅发现针对某些河口、湖区的调查结果。例如，洪天求等于 2005 年对巢湖十五里河湿地植被进行了调查，结果显示，十五里河流域有少量野生菰的分布；李如忠和丁丰等对巢湖的派河河口和十五里河流域的湿地植被进行了调查，结果显示，派河流域无野生菰分布。

2009 ~ 2010 年，郝贝贝等对巢湖湖滨带植被进行了详细调查，共设置了 25 个采样点，结果显示，野生菰分布极少，仅有 3 处零星分布。调查的挺水植物共有 6 种，分别为芦苇、香蒲、菰、野慈姑、雨久花、空心莲子草，以禾本科的芦苇为优势种。

2015 年 5 月 8 日，笔者对巢湖野生菰种质资源进行了调查，发现该流域野生菰分布极少，仅在合肥的滨湖塘西河公园、胡大岗村、

莲花公园、柴岗村、中派村五个地方觅得踪迹。从调查结果来看（见图 3－17 和表 3－17），除中派村外，其余 4 个野生菰居群的面积均较小，分别为 10 平方米、7 平方米、2 平方米、18 平方米，多分布于河畔、田边水沟、沼泽、湿地等处，主要伴生物种为芦苇和香蒲，部分居群还伴生有菖蒲、美人蕉及藻类等植物。

**图 3－17　巢湖野生菰群落 5/合肥市中派村摄**

**表 3－17　巢湖野生菰种质资源调查**

| 编号 | 市（县） | 区/县/镇（乡） | 地点 | 经度 | 纬度 | 海拔（米） |
|---|---|---|---|---|---|---|
| CHH 1 | 合肥市 | 滨湖新区 | 滨湖塘西河公园 | 117°29′6″ | 31°73′09″ | 8.05 |
| CHH 2 | 合肥市 | 肥西县 | 胡大岗村 | 117°24′54″ | 31°70′98″ | 11.74 |

续表

| 编号 | 市（县） | 区/县/镇（乡） | 地点 | 经度 | 纬度 | 海拔（米） |
|---|---|---|---|---|---|---|
| CHH 3 | 合肥市 | 经开区 | 莲花公园 | 117°22′34″ | 31°70′02″ | 9.38 |
| CHH 4 | 合肥市 | 肥西县 | 柴岗 | 117°21′61″ | 31°67′83″ | 9.44 |
| CHH 5 | 合肥市 | 肥西县 | 中派村 | 117°22′09″ | 31°67′65″ | 10.16 |

## 三、巢湖野生菰叶面表型多样性分析

### （一）叶片测量方法

利用浙江托普仪器有限公司的 YMJ 型号（专测狭长叶片）叶面积测量仪，对巢湖地区 5 个居群野生菰植株的叶长、叶宽、面积、周长、长宽比、形状因子进行测量，并利用卷尺测量株高，测量结果如表 3－18 所示。每个居群选取 3 个样本，样本间距为 20 米以上，每次测量设 3 次重复，所得结果取平均值，即为该居群的测量结果。要求样本叶片完整，无明显缺陷和病虫害影响。

**表 3－18　巢湖野生菰叶面性状测量结果**

| 居群编号 | 株高（毫米） | 长度（毫米） | 宽度（毫米） | 面积（平方毫米） | 周长（毫米） | 长宽比 | 形状因子 |
|---|---|---|---|---|---|---|---|
| CHH 1 | 1570 | 604.49 | 31.11 | 11578.11 | 1343.18 | 19.95 | 0.08 |
| CHH 2 | 1580 | 855.83 | 33.71 | 18007.91 | 1825.43 | 25.24 | 0.07 |
| CHH 3 | 1500 | 648.70 | 31.11 | 14032.08 | 1368.46 | 20.75 | 0.10 |
| CHH 4 | 1380 | 415.40 | 23.09 | 6573.59 | 880.00 | 18.05 | 0.11 |
| CHH 5 | 1420 | 471.25 | 29.98 | 7975.81 | 1124.79 | 15.66 | 0.10 |

## （二）结果与分析

调查结果的统计分析主要依据常规的数理统计方法，运用 SPSS 16.0 统计分析软件对巢湖野生菰种质资源各性状的平均值、标准差和变异系数进行分析，以及对巢湖各野生菰居群进行聚类分析和方差分析。采用 Pearson 简单相关系数对野生菰的各叶面形态性状和地理相关因素进行相关性分析。

### 1. 叶面性状变异分析

表型多样性分析简单直观，长期以来，种质资源鉴定及育种材料的选择一般都是依据表型特征分析进行的，人们普遍采用表型特征分析对品种进行识别和检测遗传变异。表型多样性在遗传多样性与环境多样性的共同作用下，会呈现出丰富的变异，而植物叶片各表型性状的变异程度在一定程度上也是反映该种植物遗传变异大小的一个重要信息。对巢湖野生菰种质资源各性状的平均值、标准差和变异系数的分析结果表明，该地区野生菰种质资源各个性状均存在不同程度的变异，形态变异丰富，平均变异系数为 21.46%（见表 3 - 19）。其中，叶面积的变异系数最大，CV 值为 39.71%；其次是长度和周长，分别为 28.73% 和 26.73%；变异系数较小的为形状因子、长宽比和宽度；变异系数最小的为株高，CV 值为 5.97%。这说明不同的性状对同一生态因子的反应是不同的，或者同一性状对不同生态因子的反应也是不同的。

### 2. 聚类分析

通过欧式距离对巢湖流域 5 个野生菰居群进行系统聚类分析。

表 3－19　巢湖野生菰叶片表型形状变异分析

| 测量项目 | N | 极小值 | 极大值 | 均值 | 标准差 | 变异系数（%） |
|---|---|---|---|---|---|---|
| 株高 | 5 | 1380.00 | 1580.00 | 1490.00 | 88.88 | 5.97 |
| 长度 | 5 | 415.40 | 855.83 | 599.13 | 172.11 | 28.73 |
| 宽度 | 5 | 23.09 | 33.71 | 29.80 | 3.99 | 13.40 |
| 叶面积 | 5 | 6573.59 | 18007.91 | 11633.50 | 4619.81 | 39.71 |
| 周长 | 5 | 880.00 | 1825.43 | 1308.37 | 349.78 | 26.73 |
| 长宽比 | 5 | 15.66 | 25.24 | 19.93 | 3.56 | 17.85 |
| 形状因子 | 5 | 0.07 | 0.11 | 0.09 | 0.02 | 17.86 |
| 均值 | | | | | | 21.46 |

图 3－18 反映的是每一阶段的聚类结果，可以看到，聚合系数随分类数的变化而变化，当分类数为 3 时，曲线变得比较平缓，因此 5 个居群分三类较为适宜。从图 3－19 可以看出，将 5 个居群聚为三类时，第一类由柴岗（CHH 4）和中派（CHH 5）组成，第二类由滨湖塘西河公园（CHH 1）和莲花公园（CHH 3）组成，胡大岗

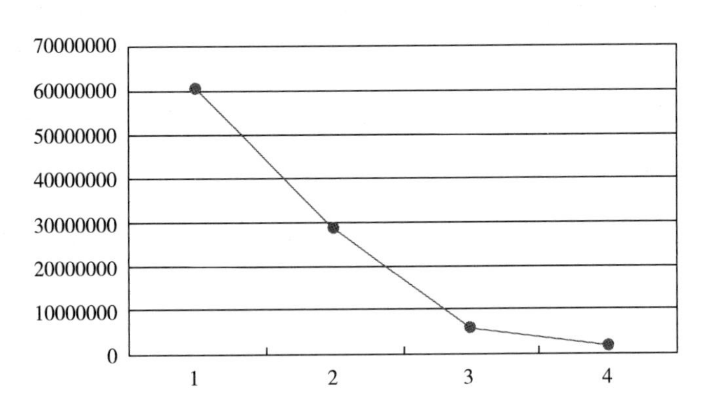


图 3－18　聚合系数随分类数变化情况

（CHH 2）单独聚为一类。从表 3－18 可以看出，第一类 CHH 4 和 CHH 5 和第二类 CHH 1 和 CHH 3 的各个性状因子值均较为接近，且第一类植株整体偏矮小，第三类植株最高，第二类的植株高度居中。

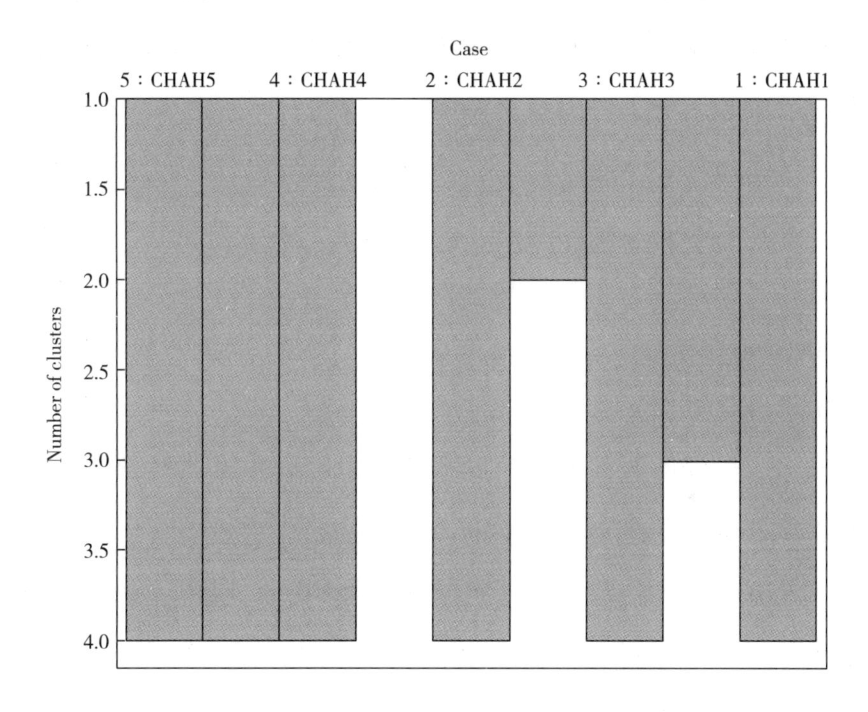


**图 3－19　巢湖 5 个野生菰居群系统聚类冰柱图**

## 四、问题及建议

### （一）影响因素

野生菰等大量水生植被的灭绝，最根本的原因在于强烈的人为干扰严重破坏了巢湖湖滨带生态系统。具体表现在以下方面：

第一，土地利用格局变化加速巢湖流域生态系统的破坏。1979～2008年，巢湖流域建设用地面积呈增加趋势，耕地、林地、草地、水域面积都呈减少趋势。经济发展、城镇化、工业化、人口增加是造成巢湖流域土地利用变化的主要驱动力，也是巢湖流域生态系统遭到破坏的主要因素。

第二，江湖建闸等水利工程导致水生植被退化。20世纪60年代初，为调蓄巢湖水量，在巢湖入长江的唯一通道裕溪河相继建设巢湖、裕溪二闸，严重干扰了巢湖的自然水文情势和水体连通性，导致巢湖流场产生质的变化，由过水性浅水型湖泊改变为人工调控的半封闭水域，降低了长江与巢湖之间的水体交换，影响了水体营养盐的输出，巢湖内源营养盐存量不断增加，每年呈上升趋势。同时，水利设施阻碍了生物区系与长江水域以及其他水域生物区系的自然交换，导致湖泊生态系统各种组分发生变化，生物种群减少并退化。沿岸植物因控制水位提高而减少，加剧了风浪侵蚀作用，破坏了湖泊景观与植被缓冲带，造成了巢湖湿地生态系统退化、生物多样性减少，加速了湖泊衰老。

第三，围湖造田与堤坝建设导致湖滨带生物栖息地丧失。围垦巢湖始于1700年前，围垦破坏了湖泊湖滨带滩地的生态系统，致使湖泊周围的大型水生植物减少，湖泊鱼类栖息、生长、索饵、产卵的基地丧失。堤防工程对湖滨带生态系统的破坏巨大。由于巢湖东部的大堤主要修建在正常蓄水位的岸边线上，因此，正常蓄水位以上岸滩的基质、生境以及生态系统结构与功能基本上都被破坏了。

第四，环境污染与蓝藻水华堆积导致湖滨带生态系统退化。大

量的点源和面源污染直接排入巢湖湖滨带，使湖滨带水质污染严重，导致大型水生植物死亡。同时，富营养化导致蓝藻过度繁殖，形成严重的蓝藻水华。在风力等物理因素的作用下，蓝藻藻体大量堆积于湖滨带，导致溶氧和透明度的急剧下降，并产生有毒物质，造成水生植被退化，湖滨带生态系统的崩溃。

### （二）保护建议

巢湖流域的保护、治理和发展是巢湖生态文明建设的核心内容，而巢湖的综合治理是巢湖流域的保护、治理和发展的重点。巢湖的综合治理策略应体现在以下几个方面：

第一，通过转变发展方式和调整产业结构，推动传统产业转型升级，促进现代服务业快速发展，实现污染物的结构减排，缓解经济发展与资源利用、环境保护的矛盾。

第二，从巢湖流域初步发展地区社会经济的实际出发，着眼于污染物迁移转化的全过程，本着“源头控制、过程削减、末端强化”的原则，大力开展控源工作，削减入湖污染负荷。

第三，在流域上游，通过政策引导与管理，对流域内的优质资源进行保护，同时，开展水土流失治理、生态林建设等工作，保障清水产流。

第四，充分结合流域水资源配置和防洪工程，完善并扩大巢湖对江水循环的通道，增加江湖交换水量，促进巢湖与长江、周边河网水体的有序流动，缩短换水周期。

# 第六节　梁子湖野生菰种质资源调查

梁子湖是长江中游的一个大型永久性淡水湖泊，是全国十大名湖之一，同时也是武昌鱼的母亲湖和湖北省第二大淡水湖泊（见图3－20）。该湖区是目前全国保护较好的内陆淡水湖之一。梁子湖具有较完整的生态系统，且生物多样性丰富，湖泊水质优良，是中国许多珍稀濒危水生野生动植物的重要栖息地，有“化石湖泊”“物种基因库”“鸟类乐园”等美誉。梁子湖拥有282种水生高等植物，是中国水生植物种类最多的湖泊，其种类和数量超过英国、日本和澳大利亚等国家的全国水生植物的总和。梁子湖湿地自然保护区位

**图3－20　梁子湖野生菰群落1/鄂州市长岭镇长岭码头摄**

于湖北省鄂州市西南部，于1999年由鄂州市政府批准设立，2001年晋升为省级保护区。其总面积为379平方千米，属亚热带季风气候。保护区有较好的生态环境，是生物多样性的代表区域，是全球重要的水鸟越冬地和候鸟迁徙路线上的停歇地之一。该保护区属“自然生态系统类”中“内陆湿地和水域生态系统类型”自然保护区，主要保护对象为长江中下游淡水湿地生态系统，未受污染的淡水资源，以及以水生和陆栖生物及其生境共同形成的湿地和水域生态系统。

由于梁子湖在中国湿地资源中具有重要地位，因此，1989年梁子湖湿地被列入世界自然保护联盟（IUCN）、国际鸟类保护联合会（ICBP）以及国际湿地和水禽研究署（IWRB）编著的英文版《亚洲湿地名录》中；2000年，在《中国湿地行动计划》中，梁子湖被列入中国重要湿地名录；2001年，《全国林业系统自然保护区体系规划》将其列入国家级保护区发展规划。湿地资源是否得到合理利用与管理，将直接影响梁子湖地区乃至鄂州市、武汉市、咸宁市、黄石市相关行政区的社会经济的可持续发展。

梁子湖湿地作为长江中下游重要的湿地，是生态学、生物学、地理学、水文学、气候学以及湿地研究和鸟类研究的自然本底和基地，为诸多基础科研提供了理想的科学研究实验场所（见图3－21）。中科院水生生物研究所、武汉大学、华中师范大学等高等院校在梁子湖湿地区域进行了一系列的科学调查和科研实验，取得了丰富的科研成果。因此，梁子湖湿地的保护及研究不仅对于湿地本身生物多样性、生态功能状况的改善具有重要作用，而且对于促进区域经济和生态环境良好发展，走可持续发展道路具有重要意义。

图 3－21　梁子湖野生菰群落 12/鄂州市长岭镇周胡谈村摄

野生菰是梁子湖挺水植物最重要的优势种群落，在该地区有大面积的分布区域。对梁子湖地区野生菰资源的调查研究是健全中国野生菰种质资源库、保护野生菰生长环境、维持梁子湖生态平衡等不可或缺的一环。本次通过对梁子湖流域 44 个野生菰居群种质资源的调查分析，期望为梁子湖湿地生态系统的保护和恢复提供依据，并为今后开展梁子湖野生菰种质资源的保护研究提供科学依据。

## 一、自然地理概况

### （一）地理位置及形态

梁子湖（30°05′～30°18′N，114°21′～114°39′E）位于长江中游

南岸、湖北省东南部，东连鄂州，西接武汉，南衔黄石市，地跨武汉市江夏区和鄂州市，是湖北省第二大淡水湖，通过长港自西向东与长江相连（见图3－35）。其流域面积为3265平方千米，跨武汉、鄂州、黄石、咸宁四市。该湖地处江汉平原边缘，中生代开始凹陷，受构造断裂和河谷沉溺的影响，湖周为残丘，湖底呈平底锅形，湖底构造、水深与湖岸形态不仅有别于江汉湖群其他诸湖，更以湖汊众多而在全国湖泊中独具特色，属河谷沉溺构造湖。

梁子湖可划分为相对独立的东梁子湖、梁子岛和西梁子湖三大部分，其中东梁子湖包括高塘湖、前海湖与涂镇湖等，西梁子湖分为前江大湖、山坡湖、大沟湖、土地堂湖及宁港汊等几部分。梁子湖这种大湖套小湖、母湖连子湖的极其复杂的形态物征在我国湖泊中实属少见，该水系也是湖北省重点保护水系。

### （二）梁子湖的形成及演变

梁子湖区地形的形成主要受构造断陷影响，据湖区存在北东向扭性断裂，自中生代以来凹陷的事实，而后又在第四纪新构造运动的影响下继续发生沉陷，于是蓄水成湖。同时，梁子湖的储水条件还与下游入江口附近的长江冲积物形成自然堤的发育，使湖区排水不畅有关，江水倒灌，河口淤塞，沉陷洼地积水成湖。因此，梁子湖的形成与发育，受到构造断陷与河流作用的双向控制。

该湖原为通江敞水湖，高水位时与保安湖、鸭儿湖连成一片，湖面面积达700平方千米。1926年前，湖水经长港与长江自然相通。1950年初，在鄂州市境内先后修筑了小南湖堤、广家洲、东井等围堤76处，堤线总长89.3公里。1954年，该湖与鸭儿湖、保安湖、三山湖完全分开。1959 年，湖面面积缩减为 458.5 平方千米。1960 年开始，江夏区境内相继修筑了张桥湖、山坡湖、仙人湖、马场湖和牛山湖等湖泊的围堤共 24 处。1970 年前后，流域内掀起了围湖垦殖高潮，据不完全统计，梁子湖全流域围湖垦殖面积达 35 万余亩（长港农场初建时增垦面积未计），至 1972 年梁子湖仅有水面 334 平方千米。1972 年以后，随着樊口新闸和电排泵站的修建，排水能力提高，梁子湖的围垦进一步加剧。据统计，1973 ~ 1978 年仅鄂州市境内梁子湖被围垦面积达 62 平方千米。直到 1980 年梁子湖的围垦才得以制止，使得近十几年来梁子湖水面总面积基本上保持稳定。然而，1992 年，武昌县在西湖的前江大湖与中湖间的南、北咀处设置拦网，使梁子湖的 4 个子湖——宁港湖、土地堂湖、山坡湖和张桥湖近 110 平方千米的水面被围栏。到 2008 年，梁子湖水域面积比 1950 年减少近一半。

### （三）气候

梁子湖区属北亚热带季风气候，雨热同季，降雨丰沛而又相对集中。多年平均气温在 16.8℃左右，年均水温 17.4℃，多年平均≥10℃活动积温约 5300℃，无霜期 257 天，全湖很少出现封冻的现象。多年平均降水为 1324.4 毫米，降水趋势同地形一致，东南高于西北。降水量年内分配不均，3 ~ 9 月降水量约占年降水量的 73.8%，蒸发量 1206.7 毫米。降水量年际间变化较大，金牛站实测 1954 年最大降水量为 2184.2 毫米，1968 年最小降水量为 885.6 毫米。多年平均径流量 $12.23 \times 10^8$ 立方米，为 1980 年以后正常湖容的 1.13 倍。径流量年际间变化也较大，1969 年最大为 $25.84 \times 10^8$ 立方米，1979

年最小为 $6.26\times10^{8}$ 立方米，年际间变差率为 4.13。由于降水年内分配不均，径流量年际变化大，丰水年份暴雨季节里，湖区渍涝灾害时有发生。

梁子湖区风向变化基本上与鄂东地区相类似。冬季在西伯利亚冷高压控制下盛行北风、西北风与东北风。以 1 月为例，北风占 25%，西北风占 18%，东北风占 17%，三者共为 55%。夏季在太平洋副热带高压的控制下盛行偏南风。以 7 月为例，南风、西南风与东南风三者共占 45% 左右。湖区风速一般较大，实测最大瞬时风速达 28 米/秒。

### （四）水文与水位

湖水依赖地表径流和湖面降水补给，集水面积 3265 平方千米，补给系数 10.7。主要入湖河港为高桥河、金牛港、朝英港等 7 条，年地表入湖径流量达 $10.92\times10^{8}$ 立方米。高桥河长 64.4 千米，集水面积 893 平方千米，占流域陆上汇水面积的一半，入湖水量占 50% 以上。梁子湖出水口仅长港一处，河道全长 46.6 千米，至樊口新闸排入长江。多年平均水位 17.81 米，历年最高水位 27.75 米（1954 年），最低水位 16.02 米（1992 年）。洪涝灾害时有发生，1964 年水位 20.34 米，受灾农田 $1.49\times10^{4}$ 公顷，1969 年水位 21.05 米，受灾农田 $2.23\times10^{4}$ 公顷，严重影响了滨湖的农业生产。

### （五）水生植被

目前梁子湖中沉水植物群落占绝对优势，主要种类有眼子菜科的微齿眼子菜和菹草、金鱼藻、穗状狐尾藻、苦草、竹叶眼子菜和黑藻等；浮叶植物群落次之，主要种类有四角菱、莲、芡实、荇菜和萍蓬草等；挺水植物群落主要种类是菰，局部地区有芦苇及菖蒲等，但未形成群落。空间上，梁子湖水生植被分布差异大，东梁子湖为草型湖，水生植被发育良好，覆盖率为95%左右；前江大湖植被较少；中湖基本上无水生植被。

## 二、梁子湖野生菰种质资源调查

### （一）前人研究成果

#### 1. 梁子湖水生植被调查

王卫民等于1992年5～8月赴梁子湖实地调查，采集水生植物种类标本。全湖共设8个断面，48个采样点。从调查结果可知：梁子湖水生植物优势种类有微齿眼子菜、竹叶眼子菜、线叶眼子菜、菹草、黑藻、金鱼藻、苦草、大茨藻、菰、荇菜、轮叶弧尾藻、穗状弧尾藻、水烛、四有菱和野菱等。

依据水生植物优势度确定建群种的群落分类原则，可将梁子湖水生植被划分为挺水、浮叶和沉水三种类型。其中，挺水植物群落仅有1个，即菰群丛，分布在东梁子湖和前江大湖沿岸带2m以内的水中和部分湖汊中，集中在东梁子湖的东井、南湾、月山、扁担洲和前江大湖北部的局部浅水区域。菰群丛垂直结构简单，挺水植被层以单优种菰为建群种，水面及水下零星分布有浮叶植物荇菜、四

角菱，漂浮植物槐叶萍、满江红及沉水植物金鱼藻、穗状狐尾藻、菹草、微齿眼子菜，近岸边分布有空心莲子草等。群丛覆盖率（指群丛分布面积覆盖梁子湖主体湖面积的比例，下同）6%左右，群丛盖度20%～95%。该群丛是梁子湖目前唯一的挺水植物群落。挺水植被带主要分布于东井大堤、月山新港口等沿岸一带，水深2m以下水域是湖中分布面积较小的植物带，主要种类是菰，局部地区有芦苇、菖蒲等，但未形成群落。

2. 梁子湖湖滨植被调查

谢楚芳等于2012年8月对梁子湖湖滨湿地植被进行了详细调查，共鉴定出植物182种，隶属于52科128属，其中湿生植物147种、水生植物35种。水生植物中有20种挺水植物、6种浮叶植物和9种沉水植物。同时文中提到，20世纪50年代至21世纪初，梁子湖的植被调查较多。50年代，挺水植物如芦苇、菰、菖蒲等覆盖度和生物量均较高，在高塘湖芦苇、菰生长尤其茂盛；90年代末，芦苇、菖蒲仅出现在局部区域，菰群丛集中分布在东梁子湖和前江大湖北部局部浅水区域和部分湖汊中。

3. 梁子湖湿地水生植被调查

付小沫对梁子湖湿地的水生植被调查结果显示，梁子湖植被按优势种群组成和结构，可分为五大植被类型、15个群丛。其中，菰群丛主要分布在沿岸带3米以内的水中和部分湖汊中，以单优种——菰为建群种，分布区主要集中在东梁子湖（高塘湖）的东井、月山和中梁子湖北部的浅水区域；伴生种有荇菜、金鱼藻、穗状狐尾藻、菹草、菱、微齿眼子菜、莲子草等；生物量平均为3.624平方米·千克。该植被类型是梁子湖最主要的挺水植物群落。

根据调查研究发现，近20年来，梁子湖菰群落面积减少约17.58平方千米，其中高塘湖南部的菰群落迅速发展，1987年高塘湖菰群落仅分布于右岸及湖心，2004年高塘湖南部的菰群落几乎全湖分布，高塘湖中部和南部的右岸的菰群落面积大大减少。1987年楠竹村以南至湖瓢村的菰群落分布于岸线200～500m，新港、月山的菰群落成大面积块状分布，到2004年仅沿岸线300m左右零星分布；1987年西梁子湖、东梁子湖中的宁港湖、张桥湖、山坡湖以及土地堂湖的沿岸线有菰的零星分布，到2004年在东梁子湖的主体部分已没有菰群落的分布。

### （二）梁子湖野生菰种质资源调查

本课题组于2015年3月30日对梁子湖流域野生菰这一重要优势种进行了绕湖一周的种质资源生境踏查，共调查了野生菰居群44个（见表3－20、图3－22和图3－23），范围覆盖武汉市与鄂州市。通过本次调研可知，东梁子湖地区野生菰群落分布面积有所扩大，但西梁子湖由于大规模建堤围湖、分隔湖叉等社会经济活动，水域面积大幅度减少，生态环境遭受严重破坏。同时，一些经济相对落后的沿湖乡镇均未建设配套的生活污水和垃圾处理设施，大量生活生产污水和垃圾直接排放到湖中；农业生产过程中化肥、农药的大量使用也使得部分湖区氮、磷等严重超标，水体富营养化，绿藻、蓝藻等浮游植物泛滥成灾，导致西梁子湖地区野生菰居群大面积消亡，濒临灭绝。

表 3－20　梁子湖野生菰种质资源调查

| 编号 | 市（县） | 区（镇） | 地点 | 经度 | 纬度 | 海拔（米） |
|---|---|---|---|---|---|---|
| LZH 1 | 武汉市 | 五里界镇 | 旷林咀 | 114°35′18.49″ | 30°17′50.10″ | 29.37 |
| LZH 2 | 武汉市 | 五里界镇 | 老屋下 | 114°32′34.21″ | 30°18′16.59″ | 12.53 |
| LZH 3 | 武汉市 | 五里界镇 | 喻家咀 | 114°31′47.38″ | 30°16′46.33″ | 49.75 |
| LZH 4 | 武汉市 | 五里界镇 | 方施湾 | 114°28′43.96″ | 30°17′35.06″ | 14.15 |
| LZH 5 | 鄂州市 | 长岭镇 | 长岭码头 | 114°39′28.47″ | 30°14′43.53″ | 24.73 |
| LZH 6 | 鄂州市 | 长岭镇 | 西小港 | 114°37′45.84″ | 30°19′04.80″ | 6.40 |
| LZH 7 | 鄂州市 | 长岭镇 | 新沟咀 | 114°38′41.64″ | 30°18′00.72″ | 8.39 |
| LZH 8 | 鄂州市 | 长岭镇 | 月山村 | 114°36′55.08″ | 30°17′00.96″ | 5.39 |
| LZH 9 | 鄂州市 | 长岭镇 | 磨刀矶村 | 114°36′00.36″ | 30°16′11.28″ | 7.62 |
| LZH 10 | 鄂州市 | 长岭镇 | 统子湾 | 114°37′17.40″ | 30°15′44.64″ | 11.55 |
| LZH 11 | 鄂州市 | 长岭镇 | 竹林张 | 114°37′18.12″ | 30°13′29.64″ | 32.43 |
| LZH 12 | 鄂州市 | 长岭镇 | 周胡谈 | 114°36′19.44″ | 30°12′24.12″ | 29.67 |
| LZH 13 | 鄂州市 | 长岭镇 | 桶油咀 | 114°37′50.16″ | 30°11′25.80″ | 34.55 |
| LZH 14 | 鄂州市 | 长岭镇 | 竹子林 | 114°39′07.20″ | 30°11′02.04″ | 36.74 |
| LZH 15 | 鄂州市 | 长岭镇 | 楠竹村 | 114°37′54.12″ | 30°10′03.36″ | 22.88 |
| LZH 16 | 鄂州市 | 长岭镇 | 王金大屋 | 114°38′15.72″ | 30°10′00.12″ | 19.73 |
| LZH 17 | 鄂州市 | 长岭镇 | 夏咀村 | 144°38′38.04″ | 30°09′34.92″ | 18.73 |
| LZH 18 | 鄂州市 | 涂家垴镇 | 徐家桥 | 114°32′46.68″ | 30°06′28.44″ | 38.48 |
| LZH 19 | 鄂州市 | 涂家垴镇 | 杨三太 | 114°33′15.48″ | 30°06′40.68″ | 6.04 |
| LZH 20 | 鄂州市 | 涂家垴镇 | 陈大麦 | 114°34′26.76″ | 30°08′36.24″ | 10.41 |
| LZH 21 | 鄂州市 | 涂家垴镇 | 码头熊 | 114°36′33.48″ | 30°08′33.00″ | 18.12 |
| LZH 22 | 鄂州市 | 涂家垴镇 | 刘家湾 | 114°34′35.40″ | 30°09′48.24″ | －0.02 |
| LZH 23 | 鄂州市 | 涂家垴镇 | 南阳村 | 114°38′28.32″ | 30°06′14.04″ | 4.74 |
| LZH 24 | 鄂州市 | 涂家垴镇 | 烽火胡 | 114°31′14.52″ | 30°09′38.52″ | 26.79 |
| LZH 25 | 鄂州市 | 涂家垴镇 | 象型湾 | 114°33′34.56″ | 30°10′32.88″ | 33.00 |
| LZH 26 | 鄂州市 | 涂家垴镇 | 豹旗咀 | 114°32′49.73″ | 30°11′16.31″ | 23.03 |
| LZH 27 | 鄂州市 | 涂家垴镇 | 龙王头 | 114°34′27.01″ | 30°12′29.35″ | 36.98 |
| LZH 28 | 鄂州市 | 涂家垴镇 | 钟家湾 | 114°33′35.01″ | 30°13′48.33″ | 12.55 |
| LZH 29 | 鄂州市 | 涂家垴镇 | 郭家咀 | 114°32′06.78″ | 30°13′07.10″ | 26.29 |
| LZH 30 | 鄂州市 | 涂家垴镇 | 石头咀 | 114°31′18.67″ | 30°12′19.01″ | 28.21 |

续表

| 编号 | 市（县） | 区（镇） | 地点 | 经度 | 纬度 | 海拔（米） |
|---|---|---|---|---|---|---|
| LZH 31 | 鄂州市 | 涂家垴镇 | 新屋陈 | 114°30′00.54″ | 30°13′04.18″ | 19.23 |
| LZH 32 | 武汉市 | 江夏南区 | 朱家咀 | 114°29′13.19″ | 30°12′14.52″ | 9.18 |
| LZH 33 | 武汉市 | 江夏南区 | 考咀陈 | 114°29′16.04″ | 30°09′38.97″ | 16.81 |
| LZH 34 | 武汉市 | 江夏南区 | 彭塘村 | 114°29′09.05″ | 30°06′32.99″ | 10.15 |
| LZH 35 | 武汉市 | 江夏南区 | 下屋李 | 114°27′22.98″ | 30°10′01.68″ | 8.16 |
| LZH 36 | 武汉市 | 江夏南区 | 黄道仁 | 114°25′28.37″ | 30°09′11.09″ | 13.42 |
| LZH 37 | 武汉市 | 江夏南区 | 韩家湾 | 114°23′28.33″ | 30°07′56.32″ | 15.73 |
| LZH 38 | 武汉市 | 江夏南区 | 陈家咀 | 114°24′52.67″ | 30°10′50.12″ | 15.57 |
| LZH 39 | 武汉市 | 江夏南区 | 杨树咀 | 114°22′53.14″ | 30°11′59.34″ | 23.95 |
| LZH 40 | 武汉市 | 江夏南区 | 李木匠 | 114°25′31.99″ | 30°11′45.41″ | 23.43 |
| LZH 41 | 武汉市 | 江夏南区 | 张复兴 | 114°26′11.58″ | 30°13′22.71″ | 6.34 |
| LZH 42 | 武汉市 | 江夏南区 | 下土库咀 | 114°25′43.37″ | 30°16′14.78″ | 5.74 |
| LZH 43 | 武汉市 | 江夏南区 | 海屋 | 114°27′08.75″ | 30°15′21.55″ | 30.55 |
| LZH 44 | 武汉市 | 江夏南区 | 朱田村 | 114°29′43.20″ | 30°15′57.93″ | 27.86 |

**图3-22　梁子湖野生菰群落21/鄂州市涂家垴镇码头熊村摄**

## 三、梁子湖野生菰叶面表型多样性分析

### （一）叶片测量方法

利用浙江托普仪器有限公司的 YMJ 型号（专测狭长叶片）叶面积测量仪，对梁子湖地区 5 个居群野生菰植株的叶长、叶宽、面积、周长、长宽比、形状因子进行测量，并利用卷尺测量株高。每个居群选取 3 个样本，样本间距为 20 米以上，每次测量设 3 次重复，所得结果取平均值，即为该居群的测量结果（见表 3－21）。要求样本叶片完整，无明显缺陷和病虫害影响。

表 3－21　梁子湖野生菰叶面性状测量结果

| 居群编号 | 株高（毫米） | 长度（毫米） | 宽度（毫米） | 面积（平方毫米） | 周长（毫米） | 长宽比 | 形状因子 |
|---|---|---|---|---|---|---|---|
| LZH 1 | 836. 67 | 532. 63 | 12. 98 | 4887. 21 | 1260. 89 | 41. 09 | 0. 043 |
| LZH 2 | 1046. 67 | 527. 68 | 9. 59 | 3922. 49 | 1201. 77 | 55. 00 | 0. 035 |
| LZH 3 | 653. 33 | 500. 05 | 11. 17 | 4340. 36 | 1097. 77 | 45. 67 | 0. 048 |
| LZH 4 | 720. 00 | 591. 26 | 11. 74 | 3741. 98 | 803. 30 | 33. 47 | 0. 073 |
| LZH 5 | 573. 67 | 527. 54 | 12. 81 | 3219. 66 | 680. 93 | 25. 51 | 0. 087 |
| LZH 6 | 543. 33 | 346. 17 | 17. 90 | 4451. 53 | 877. 09 | 19. 42 | 0. 079 |
| LZH 7 | 1146. 67 | 600. 41 | 15. 52 | 6467. 79 | 1450. 00 | 40. 15 | 0. 040 |
| LZH 8 | 980. 00 | 527. 97 | 18. 51 | 6999. 99 | 1536. 06 | 28. 64 | 0. 037 |
| LZH 9 | 1093. 33 | 636. 77 | 16. 26 | 7319. 86 | 1482. 59 | 39. 66 | 0. 042 |
| LZH 10 | 1041. 67 | 633. 58 | 19. 48 | 7881. 95 | 1504. 67 | 33. 00 | 0. 047 |
| LZH 11 | 800. 00 | 470. 96 | 14. 79 | 4926. 07 | 1275. 81 | 32. 04 | 0. 039 |
| LZH 12 | 933. 33 | 540. 78 | 15. 75 | 5677. 74 | 1409. 08 | 34. 72 | 0. 037 |
| LZH 13 | 1276. 67 | 710. 37 | 20. 66 | 9517. 25 | 1932. 75 | 35. 42 | 0. 034 |

续表

| 居群编号 | 株高（毫米） | 长度（毫米） | 宽度（毫米） | 面积（平方毫米） | 周长（毫米） | 长宽比 | 形状因子 |
|---|---|---|---|---|---|---|---|
| LZH 14 | 673.33 | 363.62 | 14.23 | 4272.11 | 745.36 | 25.93 | 0.097 |
| LZH 15 | 720.00 | 330.46 | 17.44 | 4240.64 | 800.20 | 18.93 | 0.090 |
| LZH 16 | 686.67 | 424.13 | 19.14 | 5634.05 | 896.97 | 22.23 | 0.090 |
| LZH 17 | 696.67 | 466.89 | 17.72 | 6203.81 | 963.88 | 26.55 | 0.084 |
| LZH 18 | 700.00 | 349.66 | 11.97 | 2950.16 | 1037.70 | 29.35 | 0.035 |
| LZH 19 | 646.67 | 441.58 | 17.67 | 5616.95 | 914.66 | 25.08 | 0.085 |
| LZH 20 | 763.33 | 415.40 | 19.64 | 6125.74 | 851.91 | 21.18 | 0.106 |
| LZH 21 | 850.00 | 516.63 | 17.95 | 6710.76 | 1194.09 | 28.77 | 0.065 |
| LZH 22 | 850.00 | 386.31 | 18.97 | 5561.10 | 799.78 | 20.63 | 0.109 |
| LZH 23 | 750.00 | 379.04 | 13.66 | 3804.88 | 775.43 | 28.89 | 0.084 |
| LZH 24 | 500.00 | 233.00 | 11.97 | 2020.80 | 538.78 | 19.59 | 0.090 |
| LZH 25 | 1090.00 | 632.12 | 24.84 | 11165.11 | 1317.21 | 25.96 | 0.084 |
| LZH 26 | 753.33 | 407.55 | 12.81 | 3726.35 | 835.61 | 31.96 | 0.067 |
| LZH 27 | 536.67 | 347.33 | 16.71 | 4255.53 | 739.36 | 20.74 | 0.100 |
| LZH 28 | 603.33 | 396.20 | 20.38 | 5545.42 | 820.52 | 19.54 | 0.104 |
| LZH 29 | 410.00 | 214.10 | 13.94 | 2206.06 | 460.58 | 15.73 | 0.139 |
| LZH 30 | 726.67 | 289.44 | 19.36 | 4138.83 | 602.68 | 14.96 | 0.144 |
| LZH 31 | 623.33 | 355.76 | 13.49 | 3379.27 | 738.96 | 26.84 | 0.081 |
| LZH 32 | 823.33 | 395.33 | 15.19 | 4219.60 | 810.53 | 25.95 | 0.080 |
| LZH 33 | 846.67 | 283.33 | 15.18 | 3117.35 | 587.39 | 18.66 | 0.115 |
| LZH 34 | 683.33 | 233.59 | 11.63 | 1842.89 | 498.84 | 20.76 | 0.100 |
| LZH 35 | 900 | 351.69 | 20.89 | 5224.60 | 729.76 | 17.19 | 0.135 |
| LZH 36 | 645.00 | 288.86 | 15.98 | 3422.77 | 637.71 | 18.00 | 0.108 |
| LZH 37 | 688.33 | 262.10 | 13.04 | 2635.95 | 539.19 | 20.28 | 0.115 |
| LZH 38 | 990.00 | 456.42 | 15.92 | 5062.19 | 936.19 | 28.86 | 0.074 |
| LZH 39 | 720.00 | 457.58 | 14.56 | 4951.94 | 931.96 | 31.57 | 0.072 |
| LZH 40 | 770.00 | 391.84 | 18.91 | 4656.36 | 1021.74 | 20.63 | 0.066 |
| LZH 41 | 766.67 | 465.73 | 17.10 | 5078.82 | 1226.21 | 27.23 | 0.046 |

续表

| 居群编号 | 株高（毫米） | 长度（毫米） | 宽度（毫米） | 面积（平方毫米） | 周长（毫米） | 长宽比 | 形状因子 |
|---|---|---|---|---|---|---|---|
| LZH 42 | 630.00 | 324.35 | 18.74 | 4583.32 | 679.39 | 17.33 | 0.125 |
| LZH 43 | 906.67 | 321.44 | 15.07 | 3373.33 | 768.89 | 21.36 | 0.077 |
| LZH 44 | 891.67 | 317.95 | 18.74 | 4340.26 | 655.54 | 16.84 | 0.127 |

### （二）结果与分析

本调查结果的统计分析主要依据常规的数理统计方法，运用SPSS 16.0统计分析软件对梁子湖野生菰种质资源各性状的平均值、标准差和变异系数进行分析，以及对梁子湖各野生菰居群进行聚类分析和方差分析。采用Pearson简单相关系数对野生菰的各叶面形态性状和地理相关因素进行相关性分析。

#### 1. 叶面性状变异分析

表型多样性分析简单直观，长期以来，种质资源鉴定及育种材料的选择一般都是依据表型特征分析进行的，人们普遍采用表型特征分析对品种进行识别和检测遗传变异。表型多样性在遗传多样性与环境多样性的共同作用下，会呈现出丰富的变异，而植物叶片各表型性状的变异程度在一定程度上也是反映该种植物遗传变异大小的一个重要信息。对梁子湖野生菰种质资源各性状的平均值、标准差和变异系数的分析结果表明，该地区野生菰种质资源是各个性状均存在不同程度的变异，形态变异丰富，平均变异系数为30.86%（见表3－22）。其中，形状因子的变异系数最大，CV值为38.75%；其次是叶面积和周长，CV值分别为37.99%和32.44%；变异系数较小的为株高、长宽比和长度；变异系数最小的为宽度，CV 值为 19.86%。这说明不同的性状对同一生态因子的反应是不同的，或者同一性状对不同生态因子的反应也是不同的。

表 3－22　梁子湖野生菰叶片表型形状变异分析

| 测量项目 | N | 极小值 | 极大值 | 均值 | 标准差 | 变异系数（%） |
| --- | --- | --- | --- | --- | --- | --- |
| 株高 | 44 | 410 | 1276.67 | 783.79 | 183.94 | 23.47 |
| 长度 | 44 | 214.10 | 710.37 | 423.76 | 121.14 | 28.58 |
| 宽度 | 44 | 9.59 | 24.84 | 16.14 | 3.20 | 19.86 |
| 面积 | 44 | 1842.89 | 11165.11 | 4850.47 | 1842.85 | 37.99 |
| 周长 | 44 | 460.58 | 1932.75 | 944.78 | 329.65 | 34.89 |
| 长宽比 | 44 | 14.96 | 55 | 26.62 | 8.63 | 32.44 |
| 形状因子 | 44 | 0.03 | 0.14 | 0.08 | 0.03 | 38.75 |
| 均值 | | | | | | 30.86 |

2. 聚类分析

通过欧式距离对梁子湖流域 44 个野生菰居群进行系统聚类分析。图 3－23 反映的是每一阶段的聚类结果，我们可以看到，聚合系数随分类数的变化而变化，当分类数为 7 时，曲线变得比较平缓，因此，梁子湖 44 个居群分 7 类较为适宜。从图 3－24 可以看出，第一类由象型湾村（LZH25）单独聚为一类；第二类由桶油咀村（LZH13）聚为一类；第三类由鄂州市长岭镇的统子湾（LZH10）、磨刀矶村（LZH9）、月山村（LZH8）和新沟咀（LZH7），以及涂家垴镇的码头熊（LZH21）5 个居群聚为一类；第四类由武汉市江夏南区的彭塘村（LZH34）及鄂州市涂家垴镇的郭家咀（LZH29）和烽火胡（LZH24）3 个居群聚为一类；第五类由武汉市江夏南区的韩

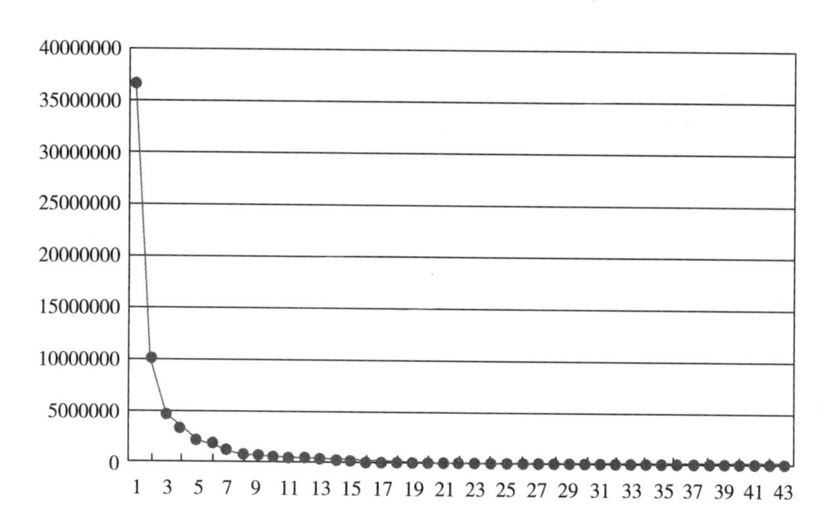


**图 3－23　聚合系数随分类数变化情况**

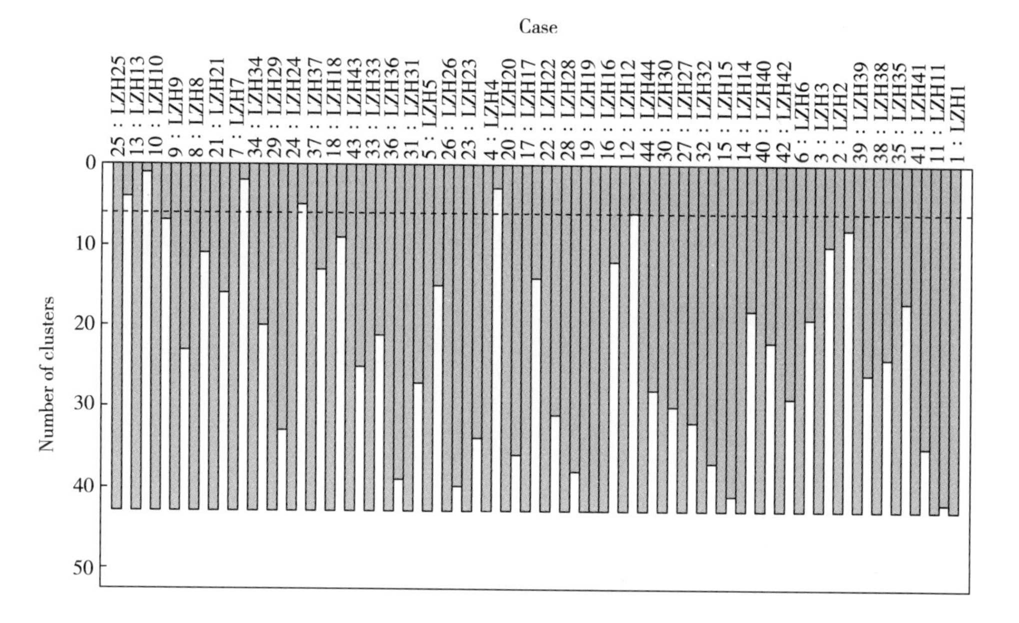


**图 3－24　梁子湖 44 个野生菰居群系统聚类冰柱图**

家（LZH37）、海屋（LZH43）、考咀陈（LZH33）、黄道仁（LZH36），以及鄂州市涂家垴镇的徐家桥（LZH18）、新屋陈

（LZH31）、豹旗咀（LZH26）和南阳村（LZH23），鄂州市长岭镇的长岭码头（LZH5）以及武汉市五里界镇的方施湾（LZH4）10 个居群聚为一类；第六类由鄂州市涂家垴镇的陈大麦（LZH20）、刘家湾（LZH22）、钟家湾（LZH28）、杨三太（LZH19）和夏咀村（LZH17）以及鄂州市长岭镇的王金大屋（LZH16）、周胡谈（LZH12）7 个居群聚为一类；第七类由武汉市江夏南区的朱田村（LZH44）、朱家咀（LZH32）、李木匠（LZH40）、下土库咀（LZH42）、杨树咀（LZH39）、陈家咀（LZH38）、下屋李（LZH35）、张复兴（LZH41），鄂州市涂家垴镇的石头咀（LZH30）、龙王头（LZH27）和鄂州市长岭镇的楠竹村（LZH15）、竹子林（LZH14）、西小港（LZH6）、竹林张（LZH11），以及武汉市五里界镇的喻家咀（LZH3）、老屋下（LZH2）、旷林咀（LZH1）17 个居群聚为第七类。

## 四、问题及建议

### （一）梁子湖湿地保护现状

位于长江中游的梁子湖湿地，不仅具有长江中游湿地的普遍属性，而且具有湖泊湿地丰富而独特的特殊属性。梁子湖是湖北省会城市武汉的战略水源地。梁子湖流域隶属于四个行政区划管辖，多年来由各地区分别管理，这造成保护方面的诸多问题。例如，在鄂州行政区划范围内，梁子湖被列为省级湿地自然保护区的面积有 379 平方千米，而武汉市江夏区行政区划范围内拥有梁子湖 2/3 的面积，

建立省级湿地自然保护区的申请却一直未获批。

近几年来，湖北省委、省政府对梁子湖湿地生态保护与恢复问题非常重视。省政府颁布了《梁子湖生态环境保护规划（2010～2014年）》；省人大将《湖北省湖泊管理条例》《湖北省水污染防治法实施办法》和《湖北省环境保护条例》纳入2008～2012年立法规划。另外，梁子湖湿地管理的相关部门也采取了可行的保护措施，使梁子湖湿地生态环境恢复效果较好。但是，2008年湖北省政府发展研究中心发布的《关于梁子湖地区保护与发展若干问题的研究》显示，东梁子湖的主要进水口高河港（咸宁）、金牛港（大冶）和谢埠港（江夏、鄂州）三条港每年接纳的工业废水超过$6\times10^6$t。沿湖乡镇均没有功能完善的生活污水处理设施，大量生活污水直接排入湖中，仅东梁子湖每年就接纳生活污水$5\times10^6$t。由此可见，梁子湖湿地的生态环境问题依然非常严峻。

### （二）梁子湖湿地产业化发展现状

湿地产业的发展曾经给梁子湖流域居民带来了巨大的经济效益，特别是农业和渔业的发展起到了至关重要的作用。但早期大部分湿地产业的发展是为了维持基本生活，缺乏科学技术指导，多半属于资源消耗型，这制约了湿地保护工作的开展。20世纪80年代，围垦、围栏养殖盛行，大片湿地被开垦成了水稻田，湿地的农业结构单一，效益低下；渔业生产以常规捕捞为主，超强度的捕捞方式使鱼类资源减少。虽然农业和渔业已成为当地经济的支柱产业，但是这些活动使梁子湖湿地生态环境受到严重破坏。梁子湖湿地产业开发过程中仍有一些比较成功的模式，如20世纪末21世纪初，梁子湖区农业发展施行了农田高效农业模式、农林间（混）作模式、水体养殖模式、种养一体化模式等，常规鱼类放养型渔业、名优鱼类精养型渔业以及综合型渔业等开发模式。鄂州市梁子湖区利用鱼类资源优势扩大养殖规模，形成10km鱼珠混养的水产养殖走廊；在水产养殖基础上开展水产品加工。2009年，全区水产品加工产值达到3.1亿元。在发展农业和渔业的同时，梁子湖湿地有关管理部门还利用自身的区域综合优势条件大力发展生态旅游业。2009年以来，鄂州市梁子湖区内高尔夫球场、游艇俱乐部、南山半岛生态城、梦天湖生态山庄、长绿休闲园艺、武大国家水生植物园、梁子湖水上人家步行街、环湖栈道等旅游项目陆续建成或拟建，总投资达6.5亿元。梁子岛景区连续3年游客接待量、旅游业收入增幅超过25%。

### （三）梁子湖湿地保护及其产业化发展存在的问题

近几年来，随着湿地保护意识的不断加强，梁子湖湿地保护与产业化发展引起了社会的广泛关注，产业发展对湿地生态环境造成了严重威胁，不利于湿地保护工作的开展。主要表现在以下几个方面：

#### 1. 湿地产业粗放发展，保护形势日益严峻

由于受到经济利益的驱使，人们肆意扩大产业规模，忽略了对湿地的生态保护。特别是在综合条件比较优越的湿地区域，人们采取各种手段进行产业开发。在生态条件优越区，水产养殖采用典型常规养殖，大量富营养化水直接排入大湖；在生态条件一般的湿地区域则基本没有受到良好的开发和管理。生态农业清洁种植、工业

污染防治、城镇生活污水处理和控制农村生活污染等产业项目具体实施过程中困难较大，目前没有形成产业规模。农业耕作的水平较落后，农业结构单一，农业资源浪费严重，致使其生态环境的退化日益加剧。

2. 功能定位不够明确，统筹管护尚未见效

湖北省政府提出梁子湖湿地保护与产业化发展要遵循“保护第一，合理发展”的原则，其方向十分明确，但对产业开发功能定位没有具体指向，导致沿湖各地在梁子湖湿地的保护与产业发展的模式、产业结构等方面缺乏统一布局，给梁子湖湿地保护和产业化发展带来障碍。20 世纪 50 年代，湖北省设立梁子湖管理局，主要职能是管理渔业生产。近年来，梁子湖及周边地区的经济得到了迅速发展，人民生活水平稳步提高，但同时伴随着环境破坏程度日益严重。尽管省政府逐步将各方面职能整合进梁子湖管理局，但由于缺乏专业人才和实际经验，加之周边市区缺乏宏观管理的意识，造成梁子湖的统筹管理效果差强人意。

3. 技术水平相对滞后，管护资金明显不足

梁子湖湿地保护及产业发展的技术水平与湿地可持续发展的矛盾日益激化。目前，湿地的主要产业是资源消耗型产业，科技含量相对较低，对生态环境的破坏也比较严重，这与湿地资源的可持续发展是相悖的。梁子湖湿地的养殖密度偏高，饲料投放量偏大，造成水体富营养化；产业链条短导致产业间联系不紧密，资源综合利用程度不高；茭头、莲藕等经济类生态作物的生产管理体制不顺，

高产经济生态作物的比例偏小，对其灌溉、施肥、防治病虫害的技术水平不够，导致其增产潜力尚未被挖掘出来。另外，由于人员培训、队伍建设、现场管理等方面的资金来源非常有限，湿地管理存在诸多问题。

### （四）梁子湖湿地保护及其产业化发展的对策建议

#### 1. 发挥宏观政策作用，建立生态补偿机制

（1）探索市场化生态补偿模式，建立政府主导、市场推进、社会参与的生态建设投资融资体制。建立湿地水资源合理配置和有偿使用制度，健全水资源取用权出让、转让和租赁的交易机制；建立区域内污染物排放指标有偿分配机制，运用市场机制降低治污成本，提高治污效率；引导和鼓励生态环境保护者和受益者之间通过自愿协商实现合理的生态补偿；支持鼓励社会资金投向生态建设、环境污染整治；探索生态建设、环境污染整治与城乡土地开发相结合的有效途径；积极利用国债资金、开发性贷款，以及国际组织和外国政府的贷款或赠款，形成多元化的生态建设投融资格局。

（2）建立生态环保财力转移支付制度。生态环保财力转移支付的资金“一年一定”，列入当年省级财政预算，按照“谁保护，谁得益”“谁改善，谁得益”“谁贡献，谁得益”及“总量控制，有奖有罚”的原则，根据梁子湖流域内不同出入境断面，以行政区划为单位，围绕公益林面积、跨市出境断面水环境质量等指标，结合减排工作措施，计算和分配各地的转移支付额度；生态补偿金由省环保厅负责计算确定，省财政厅执行，流域内各市、县（市、区）政

府统筹安排使用。

（3）制定产业发展引导政策。在生态补偿财政补助的基础上，制定促进地方产业发展的相关扶持政策，重点是渔民转产、企业转产或搬迁。对湿地水域特别是上游区内搬迁的工业企业，优先考虑在市域规划优化区周边县（市）安排落户，并在税收分成、排污指标分配等方面给予政策优惠；组织周边渔民从渔业转产到生态旅游服务，并对从业人员进行就业培训，对湿地群众在综合直补、农村低保等方面给予政策照顾；实施财政和税收分类管理政策；对上游源头区、饮用水源涵养地区、自然保护区、森林和生物多样性保护地区等实施税收减免，同时实行基本财政保障制度和生态保护财政专项补助政策。

2. 科学制定发展规划，优化湿地产业结构

（1）加快区划编制工作。按照生态功能区要求制定规划，鼓励发展生态产业和循环经济。《梁子湖生态环境保护规划》已出台，明确了保护的重点、目标和任务，划定了三个生态功能区；建议由省政府牵头编制《梁子湖地区产业结构调整指导目录》，提出分类指导的措施；在武汉城市圈设立“两型”社会试点、城市化进程进一步加快的情况下，必须加大对沿湖地区的化工、造纸、印刷等污染产业的整治力度，重点发展污染少、效益高的高技术产业；鼓励污染企业积极转变经济发展方式，以产业优化升级减少环境污染，鼓励企业内部生产循环，以集约发展提高资源利用效率。

（2）调整和优化产业结构。对于农业，要协调好环境保护与产业发展的关系，谋划生态农业发展。引导农户减轻农药化肥污染，

并着眼于农业产业结构调整，推广生态农业，将循环理念引入农业生产过程。大面积种植胡柚和花卉，既保持水土，又增加农民收入。对于渔业，要集中水产品生产，疏通水产品供应商、生产商、分销商、零售商之间的流通渠道，延长渔业产业链，将该区域渔业资源优势转化为经济优势。对于旅游业，要大力发展特色旅游，提高旅游产品的多样性，充分宣传武昌鱼、大闸蟹等特色水产品，发展深度加工，提高旅游产品的附加值；同时，充分利用自身优势，办好梁子湖捕鱼节，扩大旅游地的知名度，延长旅游期，增加旅游业收入。

3. 完善管理保护机制，创新产业发展模式

（1）建立独立的“梁子湖生态特区”，全面有效地负责梁子湖地区的生态环境保护和工农业发展规划等，实行统一管理。建议按照湖泊流域生态环境系统的自然特性，参考武汉市东湖风景区的管理模式，摒弃现有的行政界线，以梁子湖流域范围为一个整体，对梁子湖流域实行统一管理。

（2）加快立法，科学规划，实施严格的环境准入制度。尽快制定《湖北省湖泊管理条例》或《梁子湖管理条例》。参照国内外流域水环境保护的成功做法，废除各种不利于生态保护与建设、不利于区域协调和城乡协调的规章制度；尽快申报梁子湖国家级湿地自然保护区；切实加强规划环评和项目环评，做到“三不一禁止”，即属于落后生产工艺、技术和设备的不批，排污超过总量控制指标要求的不批，超过排污控制指标的地区新增排污项目的不批，全面禁止新上不符合产业政策的项目和新增氮磷排放项目。

（3）创新湿地产业发展模式。从梁子湖湿地的实际情况出发，以湿地保护为前提，推广实行多元化产业发展模式。①生态农业可持续利用模式：开发沼气发酵工程，促进农村以农、牧结合为中心的多种经营；因地制宜地选择莲藕种植、良种繁育、水产养殖等共生、互生的生态位模式；可开发集休闲娱乐、餐饮服务为一体的观光旅游生态农业基地。②渔业经济发展模式：以渔业为基础大力发展渔业物流服务，以休闲渔业为新的经济增长点，以渔业信息为纽带，把渔业物流、休闲渔业及渔业信息有机地结合起来，是梁子湖地区渔业经济发展的合理模式。③旅游综合发展模式：按照“风光+名胜+民俗文化”的开发模式，推出响亮的历史、人文景观品牌，开发出自己的特色，形成独特的魅力；推进一批符合规划要求的高端会议度假型旅游宾馆、商务酒店及其他休闲旅游项目建设，完善湿地景区游客服务中心、旅游景观工程等基础设施建设，引导湿地产业经济有序发展。

4. 强化污染治理手段，提高产业技术水平

（1）提高生态修复的能力。加强治理养殖污染，减少对水体生态功能的破坏和对鱼类资源的掠夺；最高水位线范围内禁止鱼塘养鱼；严禁筑坝拦汊、围湖养鱼，逐步退汊还湖、退堰还湖；严禁猎取、捕杀和非法交易湖泊湿地珍稀动物，维护湖泊湿地生物多样性；有计划、有步骤地实施退耕还林等；积极实施梁子湖生态治理水生植被恢复工程，实现梁子湖水草覆盖率占湖泊面积的80%以上的目标。

（2）改善梁子湖湿地周边环境。在梁子湖湿地区域强制推广生

态农业，加大湿地城镇生活污染治理力度，建设生活污水处理厂，配套建设污水收集管网，使城镇生活污水处理率达到90%以上；严格控制农村生活污染，积极推进“组保洁、村收集、镇转运、县处置”的城乡统筹垃圾处理模式，加强村镇生活垃圾收集和无害化处理；严格控制农村生活和面源污染，控制化肥农药的施用量。最高水位线范围内禁止种植蔬菜、花卉等施用化肥量大的作物；积极调整种植结构，发展有机绿色农业；划定畜禽禁养区，禁养区内不得新建畜禽养殖场，已建的畜禽场要限期搬迁或关闭，规模化畜禽养殖场按照工业污染源管理方式实行监管，确保达标排污。

（3）努力提高产业技术水平。维持湿地产业可持续发展的重要途径之一是加强科学管理，加大科技投入。梁子湖湿地保护与产业发展，必须在坚持调蓄、合理配置、综合利用湿地资源的原则下，重点扶持与发展特色养殖业、种植业和生态旅游业。由于梁子湖湿地的相关研究开展时间不长，湿地保护与产业发展的技术水平不高，新技术、新成果的推广力度不够，可利用生物工程和物理工程技术来设计湿地产业，优化湿地资源效益，力争使湿地恢复工程产业化，提高湿地产业的综合效益。

针对梁子湖湿地目前存在的一系列问题，相关部门和当地居民应积极地克服困难和障碍，采取有效的措施和相应的政策，合理利用资源，发展湿地经济产业，真正做到可持续发展。

# 附录　中国野生菰居群地理信息

| 隶属省/直辖市/自治区 | 采集区 | 隶属市/县/镇/乡/区 | 市/县/镇/乡/村 | 经度 | 纬度 | 海拔（米） |
|---|---|---|---|---|---|---|
| 广东省 | 韶关 | 韶关 | 六合坝村 | 113°31′23.16″ | 24°43′56.28″ | 13.59 |
| | | 韶关 | 八角坑村 | 113°31′26.76″ | 24°43′05.16″ | 16.00 |
| | | 韶关 | 上低坝村 | 113°31′43.32″ | 24°42′35.64″ | 17.00 |
| | | 韶关 | 上乡村 | 113°31′41.52″ | 24°41′46.68″ | 25.60 |
| | | 韶关 | 河头村 | 113°30′43.20″ | 24°38′10.68″ | 18.00 |
| | | 韶关 | 龙屋村 | 113°33′13.32″ | 24°36′15.12″ | 19.00 |
| | | 韶关 | 牛桥村 | 113°35′25.80″ | 24°33′50.40″ | 17.56 |
| 湖北省 | 梁子湖 | 武汉市五里界镇 | 旷林咀 | 114°35′18.49″ | 30°17′50.10″ | 29.37 |
| | | 武汉市五里界镇 | 老屋下 | 114°32′34.21″ | 30°18′16.59″ | 12.53 |
| | | 武汉市五里界镇 | 喻家咀 | 114°31′47.38″ | 30°16′46.33″ | 49.75 |
| | | 武汉市五里界镇 | 方施湾 | 114°28′43.96″ | 30°17′35.06″ | 14.15 |
| | | 鄂州市长岭镇 | 长岭码头 | 114°39′28.47″ | 30°14′43.53″ | 24.73 |
| | | 鄂州市长岭镇 | 西小港 | 114°37′45.84″ | 30°19′04.80″ | 6.40 |
| | | 鄂州市长岭镇 | 新沟咀 | 114°38′41.64″ | 30°18′00.72″ | 8.39 |
| | | 鄂州市长岭镇 | 月山村 | 114°36′55.08″ | 30°17′00.96″ | 5.39 |
| | | 鄂州市长岭镇 | 磨刀矶村 | 114°36′00.36″ | 30°16′11.28″ | 7.62 |
| | | 鄂州市长岭镇 | 统子湾 | 114°37′17.40″ | 30°15′44.64″ | 11.55 |
| | | 鄂州市长岭镇 | 竹林张 | 114°37′18.12″ | 30°13′29.64″ | 32.43 |
| | | 鄂州市长岭镇 | 周胡谈 | 114°36′19.44″ | 30°12′24.12″ | 29.67 |
| | | 鄂州市长岭镇 | 桶油咀 | 114°37′50.16″ | 30°11′25.80″ | 34.55 |
| | | 鄂州市长岭镇 | 竹子林 | 114°39′07.20″ | 30°11′02.04″ | 36.74 |

续表

| 隶属省/直辖市/自治区 | 采集区 | 隶属市/县/镇/乡/区 | 市/县/镇/乡/村 | 经度 | 纬度 | 海拔（米） |
|---|---|---|---|---|---|---|
| 湖北省 | 梁子湖 | 鄂州市长岭镇 | 楠竹村 | 114°37′54.12″ | 30°10′03.36″ | 22.88 |
| | | 鄂州市长岭镇 | 王金大屋 | 114°38′15.72″ | 30°10′00.12″ | 19.73 |
| | | 鄂州市长岭镇 | 夏咀村 | 144°38′38.04″ | 30°09′34.92″ | 18.73 |
| | | 鄂州市涂家垴镇 | 徐家桥 | 114°32′46.68″ | 30°06′28.44″ | 38.48 |
| | | 鄂州市涂家垴镇 | 杨三太 | 114°33′15.48″ | 30°06′40.68″ | 6.04 |
| | | 鄂州市涂家垴镇 | 陈大麦 | 114°34′26.76″ | 30°08′36.24″ | 10.41 |
| | | 鄂州市涂家垴镇 | 码头熊 | 114°36′33.48″ | 30°08′33.00″ | 18.12 |
| | | 鄂州市涂家垴镇 | 刘家湾 | 114°34′35.40″ | 30°09′48.24″ | -0.02 |
| | | 鄂州市涂家垴镇 | 南阳村 | 114°38′28.32″ | 30°06′14.04″ | 4.74 |
| | | 鄂州市涂家垴镇 | 烽火胡 | 114°31′14.52″ | 30°09′38.52″ | 26.79 |
| | | 鄂州市涂家垴镇 | 象型湾 | 114°33′34.56″ | 30°10′32.88″ | 33.00 |
| | | 鄂州市涂家垴镇 | 豹旗咀 | 114°32′49.73″ | 30°11′16.31″ | 23.03 |
| | | 鄂州市涂家垴镇 | 龙王头 | 114°34′27.01″ | 30°12′29.35″ | 36.98 |
| | | 鄂州市涂家垴镇 | 钟家湾 | 114°33′35.01″ | 30°13′48.33″ | 12.55 |
| | | 鄂州市涂家垴镇 | 郭家咀 | 114°32′06.78″ | 30°13′07.10″ | 26.29 |
| | | 鄂州市涂家垴镇 | 石头咀 | 114°31′18.67″ | 30°12′19.01″ | 28.21 |
| | | 鄂州市涂家垴镇 | 新屋陈 | 114°30′00.54″ | 30°13′04.18″ | 19.23 |
| | | 武汉市江夏南区 | 朱家咀 | 114°29′13.19″ | 30°12′14.52″ | 9.18 |
| | | 武汉市江夏南区 | 考咀陈 | 114°29′16.04″ | 30°09′38.97″ | 16.81 |
| | | 武汉市江夏南区 | 彭塘村 | 114°29′09.05″ | 30°06′32.99″ | 10.15 |
| | | 武汉市江夏南区 | 下屋李 | 114°27′22.98″ | 30°10′01.68″ | 8.16 |
| | | 武汉市江夏南区 | 黄道仁 | 114°25′28.37″ | 30°09′11.09″ | 13.42 |
| | | 武汉市江夏南区 | 韩家湾 | 114°23′28.33″ | 30°07′56.32″ | 15.73 |
| | | 武汉市江夏南区 | 陈家咀 | 114°24′52.67″ | 30°10′50.12″ | 15.57 |
| | | 武汉市江夏南区 | 杨树咀 | 114°22′53.14″ | 30°11′59.34″ | 23.95 |
| | | 武汉市江夏南区 | 李木匠 | 114°25′31.99″ | 30°11′45.41″ | 23.43 |
| | | 武汉市江夏南区 | 张复兴 | 114°26′11.58″ | 30°13′22.71″ | 6.34 |
| | | 武汉市江夏南区 | 下土库咀 | 114°25′43.37″ | 30°16′14.78″ | 5.74 |
| | | 武汉市江夏南区 | 海屋 | 114°27′08.75″ | 30°15′21.55″ | 30.55 |
| | | 武汉市江夏南区 | 朱田村 | 114°29′43.20″ | 30°15′57.93″ | 27.86 |

续表

| 隶属省/直辖市/自治区 | 采集区 | 隶属市/县/镇/乡/区 | 市/县/镇/乡/村 | 经度 | 纬度 | 海拔（米） |
|---|---|---|---|---|---|---|
| 云南省 | 昆明 | 昆明 | 大观楼 | 102°40′45.84″ | 25°01′40.80″ | 1900.00 |
| | | 昆明 | 滇池，海晏村 | 102°42′13.32″ | 24°45′11.52″ | 1100.00 |
| | 洱海 | 大理市 | 下河村 | 100°17′21.48″ | 25°40′16.32″ | 1965.00 |
| | | 大理市 | 文笔村 | 100°14′18.85″ | 25°44′45.96″ | 1972.00 |
| | | 大理市 | 挖色村 | 100°13′55.20″ | 25°50′02.04″ | 1973.00 |
| | | 大理市 | 双廊村 | 100°12′37.08″ | 25°55′02.28″ | 1969.00 |
| | | 大理市 | 东马村 | 100°08′37.68″ | 25°57′48.96″ | 1969.00 |
| | | 大理市 | 杨家村 | 100°08′14.28″ | 25°56′24.36″ | 1970.00 |
| | | 大理市 | 杨家村 | 100°08′15.36″ | 25°56′23.64″ | 1962.00 |
| | | 大理市 | 海舌公园 | 100°09′18.72″ | 25°52′10.56″ | 1962.00 |
| | | 大理市 | 玖生村 | 100°08′37.32″ | 25°48′52.92″ | 1966.00 |
| | | 大理市 | 马久邑 | 100°10′01.56″ | 25°44′18.96″ | 1966.00 |
| | | 大理市 | 鹤龙桥 | 100°12′23.04″ | 25°41′26.88″ | 1966.00 |
| | | 大理市 | 崇邑村 | 100°13′55.20″ | 25°37′31.08″ | 1970.00 |
| | | 大理市 | 洱海月湿地公园 | 100°14′15.00″ | 25°36′57.60″ | 1942.00 |
| 贵州省 | 草海 | 草海镇 | 西海村 | 104°14′14.28″ | 26°51′09.79″ | 2179.00 |
| | | 毕节市 | 鲁家湾子 | 105°16′24.65″ | 27°19′18.17″ | 2173.00 |
| | | 都匀市 | 绿荫湖水库 | 107°28′52.18″ | 26°17′26.18″ | 2168.00 |
| | | 都匀市江洲镇 | 郭家洞 | 107°21′56.76″ | 26°14′48.43″ | 2187.00 |
| | | 贵阳市清镇市 | 大窝头 | 106°23′27.52″ | 26°33′06.50″ | 2169.00 |
| 四川省 | 成都 | 茶店镇 | 长丰村 | 104°23′42.26″ | 30°30′53.87″ | 505.00 |
| | | 石盘镇 | 象鼻村 | 104°25′04.53″ | 30°29′56.30″ | 529.00 |
| | | 锦江区 | 白鹭湾湿地公园 | 104°07′48.90″ | 30°34′13.66″ | 517.00 |
| 重庆省 | 重庆 | 长寿区 | 石心村 | 107°09′52.58″ | 29°52′17.75″ | 517.00 |
| | | 长寿区 | 石心村 | 107°09′41.52″ | 29°52′21.41″ | 533.00 |
| | | 长寿区 | 石心村 | 107°09′48.57″ | 29°52′16.11″ | 509.00 |
| | | 德感镇 | 巴山村 | 106°12′29.89″ | 29°17′05.92″ | 221.00 |
| | | 德感镇 | 巴山村 | 106°12′25.84″ | 29°17′03.05″ | 225.00 |
| | | 德感镇 | 巴山村 | 106°12′25.33″ | 29°17′00.33″ | 220.00 |
| | | 德感镇 | 巴山村 | 106°12′23.03″ | 29°16′54.57″ | 251.00 |
| | | 德感镇 | 巴山村 | 106°12′22.56″ | 29°16′50.18″ | 229.00 |

续表

| 隶属省/直辖市/自治区 | 采集区 | 隶属市/县/镇/乡/区 | 市/县/镇/乡/村 | 经度 | 纬度 | 海拔（米） |
|---|---|---|---|---|---|---|
| 湖南省 | 洞庭湖 | 洞庭新城 | 南湖 | 113°05′16.44″ | 29°20′48.48″ | 35.00 |
| | | 岳阳市 | 街子坳 | 113°10′25.32″ | 29°20′44.16″ | 6.00 |
| | | 麻塘镇 | 北湖村 | 113°05′16.08″ | 29°16′22.08″ | 31.00 |
| | | 麻塘镇 | 春风村 | 113°05′46.32″ | 29°13′49.44″ | 30.00 |
| | | 岳阳县 | 立新村 | 113°06′03.96″ | 29°11′00.60″ | 30.00 |
| | | 岳阳县 | 先锋村 | 113°05′43.80″ | 29°08′04.20″ | 48.00 |
| | | 岳阳县 | 群合村 | 113°05′57.48″ | 29°05′31.20″ | 17.00 |
| | | 黄沙街镇 | 陈家屋 | 113°06′28.08″ | 29°02′25.08″ | 33.00 |
| | | 岳阳市 | 君山区 | 113°07′53.40″ | 29°26′07.08″ | 44.00 |
| | | 岳阳市 | 双五村 | 113°00′11.88″ | 29°24′43.56″ | 32.00 |
| | | 岳阳市 | 百弓墩 | 113°00′30.96″ | 29°22′40.08″ | 22.00 |
| | | 岳阳县 | 岳华村 | 112°57′57.96″ | 29°25′15.24″ | 24.00 |
| | | 岳阳县 | 横岗 | 112°54′57.24″ | 29°27′03.24″ | 30.00 |
| | | 岳阳县 | 建新防汛大队 | 112°50′27.60″ | 29°30′08.64″ | 14.00 |
| | | 湘阴县 | 东网村 1 组 | 112°53′15.72″ | 28°44′07.80″ | 30.00 |
| | | 三塘镇 | 吴工村 | 112°53′57.48″ | 28°49′52.68″ | 29.00 |
| | | 营田镇 | 屈原村 | 112°55′11.64″ | 28°51′57.24″ | 32.00 |
| | | 营田镇 | 三分场二队 | 112°55′11.28″ | 28°55′26.40″ | 29.00 |
| | | 磊石乡 | 磊石村 | 112°56′56.40″ | 28°59′46.32″ | 32.00 |
| | | 杨林寨乡 | 合胡村 | 112°46′21.36″ | 28°44′32.64″ | 21.00 |
| | | 湘滨镇 | 向家湾 | 112°43′05.16″ | 28°45′55.08″ | 36.00 |
| | | 湘滨镇 | 庄家村 | 112°40′30.36″ | 28°45′28.80″ | 44.00 |
| | | 柳潭乡 | 新坪村 | 112°37′06.24″ | 28°44′26.52″ | 27.00 |
| | | 此湖口镇 | 马王村 | 112°32′45.96″ | 28°45′50.40″ | 27.00 |
| | | 长春镇 | 莲竹村 | 112°18′10.44″ | 28°43′50.88″ | 41.00 |
| | | 沅江市 | 铁家村 | 112°17′34.08″ | 28°52′39.72″ | 43.00 |
| | | 草尾镇 | 安南村 | 112°21′42.12″ | 28°57′58.32″ | 27.00 |
| | | 草尾镇 | 小周家坪 | 112°28′01.56″ | 28°52′07.32″ | 22.00 |
| | | 四湖山镇 | 冯家湾 | 112°32′01.68″ | 28°56′40.92″ | 22.00 |
| | | 四湖山镇 | 华兴村 | 112°37′33.96″ | 28°55′59.16″ | 37.00 |

续表

| 隶属省/直辖市/自治区 | 采集区 | 隶属市/县/镇/乡/区 | 市/县/镇/乡/村 | 经度 | 纬度 | 海拔（米） |
|---|---|---|---|---|---|---|
| 湖南省 | 洞庭湖 | 三眼塘镇 | 河渡桥村 | 112°46′39.00″ | 28°20′30.48″ | 40.00 |
| | | 蒋家嘴镇 | 叶家障村 | 112°09′36.72″ | 28°48′08.28″ | 27.00 |
| | | 岩汪湖镇 | 先锋村 | 112°02′09.24″ | 28°54′27.00″ | 45.00 |
| | | 鸭子港乡 | 新进村 | 112°09′43.56″ | 28°58′38.28″ | 36.00 |
| | | 西港镇 | 白莲村 | 112°12′53.28″ | 29°02′57.48″ | 39.00 |
| | | 南大膳镇 | 六合村 | 112°42′31.32″ | 29°01′13.44″ | 7.00 |
| | | 北洲子镇 | 四分场三队 | 112°41′31.56″ | 29°10′05.16″ | 20.00 |
| | | 注滋口镇 | 新港村 | 112°47′58.92″ | 29°16′45.12″ | 42.00 |
| | | 良心堡镇 | 团洲 | 112°48′50.04″ | 29°19′59.88″ | 27.00 |
| | | 良心堡镇 | 团结村 | 112°50′35.52″ | 29°24′03.96″ | 27.00 |
| | | 茶盘州镇 | 鹅洲村 | 112°47′05.64″ | 28°56′27.60″ | 32.00 |
| | | 南大膳镇 | 华东村 | 112°49′24.24″ | 28°59′49.92″ | 24.00 |
| | | 南大膳镇 | 三港子头 | 112°53′31.92″ | 29°08′20.76″ | 36.00 |
| 湖北省 | 洪湖 | 洪湖市 | 肖家洲 | 113°26′57.12″ | 29°52′54.84″ | 27.00 |
| | | 洪湖市 | 尚火咀 | 113°26′17.88″ | 29°52′04.08″ | 30.00 |
| | | 洪湖市 | 龙湾村 | 113°26′47.04″ | 29°51′17.64″ | 33.00 |
| 安徽省 | 巢湖 | 合肥 | 滨湖塘西河公园 | 117°17′45.60″ | 31°43′51.24″ | 8.05 |
| | | 合肥 | 胡大岗 | 117°14′43.44″ | 31°42′35.28″ | 11.74 |
| | | 合肥 | 莲花公园 | 117°13′24.24″ | 31°42′00.72″ | 9.38 |
| | | 合肥 | 柴岗 | 117°12′57.96″ | 31°40′41.88″ | 9.44 |
| | | 合肥 | 中派 | 117°13′15.24″ | 31°40′35.40″ | 10.16 |
| 上海市 | 后滩湿地 | 上海 | 后滩湿地公园 | 121°27′57.96″ | 31°11′02.40″ | 9.00 |
| 浙江省 | 西溪湿地 | 杭州 | 西溪湿地公园 | 120°04′57.00″ | 30°15′54.00″ | 24.87 |
| | | 杭州 | 西溪湿地公园 | 120°04′15.60″ | 30°15′59.40″ | 19.29 |
| | | 杭州 | 西溪湿地公园 | 120°04′06.60″ | 30°16′29.64″ | 11.69 |
| | 庵东沼泽湿地 | 宁波慈溪市庵东镇 | 九塘村 | 121°11′33.72″ | 30°18′27.36″ | 31.47 |
| | | 宁波慈溪市庵东镇 | 九塘村 | 121°10′41.88″ | 30°18′34.56″ | 17.40 |
| | | 宁波慈溪市庵东镇 | 水中湾村 | 121°10′52.68″ | 30°18′01.44″ | 19.46 |
| 江苏省 | 太湖 | 无锡市 | 中央公园五里湖 | 120°14′33.00″ | 31°31′09.12″ | 12.81 |
| | | 无锡市 | 蠡湖 | 120°13′40.44″ | 31°31′39.36″ | −7.34 |

续表

| 隶属省/直辖市/自治区 | 采集区 | 隶属市/县/镇/乡/区 | 市/县/镇/乡/村 | 经度 | 纬度 | 海拔（米） |
|---|---|---|---|---|---|---|
| 江苏省 | 太湖 | 无锡市 | 盘鸟咀 | 120°08′25.08″ | 31°30′47.52″ | 16.94 |
| | | 无锡市 | 大东山 | 120°07′36.12″ | 31°25′16.68″ | 20.18 |
| | | 无锡市 | 和平村 | 120°04′52.32″ | 31°24′30.24″ | 11.47 |
| | | 宜兴市 | 分水镇，陈墅村 | 120°01′08.04″ | 31°28′36.48″ | -2.20 |
| | | 宜兴市 | 师渎村 | 119°59′03.84″ | 31°23′42.72″ | 14.40 |
| | | 宜兴市 | 陈家村 | 119°56′53.88″ | 31°22′11.64″ | 14.16 |
| | | 宜兴市 | 峿泗渎 | 119°56′02.04″ | 31°20′00.60″ | 11.70 |
| | | 宜兴市 | 渭渎村 | 119°54′32.76″ | 31°17′14.28″ | 9.27 |
| | | 宜兴市 | 白泥村 | 119°53′02.04″ | 31°13′34.32″ | 14.13 |
| | | 无锡市 | 滨湖社区 | 120°17′03.12″ | 31°26′35.88″ | 10.84 |
| | | 无锡市 | 环湖大堤 | 120°19′53.04″ | 31°27′25.20″ | 9.94 |
| | | 苏州市 | 朱家桥 | 120°25′05.16″ | 31°25′30.72″ | 15.57 |
| | | 苏州市 | 余港里村 | 120°24′03.60″ | 31°21′14.40″ | 27.27 |
| | | 苏州市 | 北沟村 | 120°24′05.76″ | 31°18′02.88″ | 17.41 |
| | | 苏州市 | 桑园村 | 120°24′08.28″ | 31°15′01.80″ | 6.27 |
| | | 苏州市 | 周家河 | 120°23′16.44″ | 31°13′07.68″ | 8.94 |
| | | 苏州市 | 新麓西桥 | 120°28′46.20″ | 31°12′38.88″ | 17.06 |
| | | 苏州市 | 东陆村 | 120°27′38.52″ | 31°09′57.96″ | 34.91 |
| | | 苏州市 | 东太湖度假村 | 120°35′58.20″ | 31°07′31.80″ | 8.51 |
| | | 苏州市 | 苑北村 | 120°36′07.92″ | 31°05′38.04″ | 27.04 |
| | | 苏州市 | 王焰村 | 120°34′01.92″ | 31°03′53.28″ | 16.41 |
| | | 苏州市 | 上草圩 | 120°33′15.48″ | 31°03′08.64″ | 16.41 |
| | | 苏州市 | 南湖村 | 120°32′29.04″ | 31°02′41.28″ | 33.42 |
| | | 苏州市 | 老呆田 | 120°30′55.08″ | 31°01′50.52″ | 24.59 |
| | | 苏州市 | 叶家港村 | 120°30′55.44″ | 31°00′54.72″ | 20.63 |
| | | 苏州市 | 曙光村 | 120°28′09.84″ | 30°59′07.80″ | 33.42 |
| | | 苏州市 | 六苏浜 | 120°25′24.60″ | 30°57′53.28″ | 29.84 |
| | | 湖州市 | 谈家湾 | 120°23′30.48″ | 30°56′42.36″ | 10.22 |
| | | 湖州市 | 晟溇 | 120°21′04.32″ | 30°56′42.00″ | 15.38 |
| | | 湖州市 | 新浦村 | 120°20′07.80″ | 30°56′28.68″ | 14.42 |

续表

| 隶属省/直辖市/自治区 | 采集区 | 隶属市/县/镇/乡/区 | 市/县/镇/乡/村 | 经度 | 纬度 | 海拔（米） |
|---|---|---|---|---|---|---|
| 江苏省 | 太湖 | 湖州市 | 太湖水产村 | 120°18′39.60″ | 30°56′01.68″ | 15.03 |
| | | 湖州市 | 许溇村 | 120°16′33.96″ | 30°55′50.16″ | 14.01 |
| | | 湖州市 | 大溇 | 120°14′25.44″ | 30°55′45.12″ | 14.95 |
| | | 湖州市 | 双丰村 | 120°12′19.08″ | 30°55′51.60″ | 16.62 |
| | | 湖州市 | 张家浒 | 120°10′52.68″ | 30°56′04.56″ | 13.55 |
| | | 湖州市 | 石桥头 | 120°09′13.68″ | 30°56′16.44″ | 14.00 |
| | | 湖州市 | 许家浜 | 120°04′08.40″ | 30°59′52.44″ | 16.38 |
| | | 湖州市 | 新塘乡 | 120°00′53.64″ | 31°01′34.32″ | 16.23 |
| | 洪泽湖 | 淮安市 | 小姚庄 | 118°35′34.08″ | 33°01′10.20″ | 23.43 |
| | | 淮安市 | 新胡庄 | 118°36′21.24″ | 33°01′08.40″ | 15.35 |
| | | 淮安市 | 林庄 | 118°40′04.44″ | 33°00′25.92″ | 26.83 |
| | | 淮安市 | 周家洼 | 118°41′39.84″ | 33°02′05.28″ | 23.90 |
| | | 淮安市 | 三河村 | 118°47′14.28″ | 33°10′38.64″ | 27.60 |
| | | 淮安市 | 四坝 | 118°46′49.44″ | 33°09′12.24″ | 26.41 |
| | | 淮安市 | 大堤信坝遗址 | 118°47′03.84″ | 33°10′39.00″ | 17.97 |
| | | 淮安市 | 贾庄 | 118°48′45.36″ | 33°12′56.88″ | 16.00 |
| | | 淮安市 | 山堆西 | 118°50′06.72″ | 33°14′59.64″ | 16.65 |
| | | 淮安市 | 街南一组 | 118°53′21.48″ | 33°22′14.16″ | 26.01 |
| | | 宿迁市 | 张庄 | 118°43′49.08″ | 33°29′42.36″ | 3.65 |
| | | 宿迁市 | 张庄 | 118°38′15.00″ | 33°36′42.84″ | 24.06 |
| | | 宿迁市 | 张房村 | 118°38′25.08″ | 33°37′34.32″ | 20.19 |
| | | 宿迁市 | 岭南村 | 118°34′26.04″ | 33°39′46.80″ | 28.23 |
| | | 宿迁市 | 庄胡村 | 118°33′07.92″ | 33°39′42.48″ | 63.10 |
| | | 宿迁市 | 唐庄村 | 118°29′26.52″ | 33°38′34.44″ | 53.05 |
| | | 宿迁市 | 香城十一组 | 118°30′03.60″ | 33°27′22.68″ | 37.01 |
| 山东省 | 微山湖 | 枣庄市 | 张桥村 | 117°14′48.84″ | 34°48′12.96″ | 12.05 |
| | | 枣庄市 | 水寨村 | 117°11′41.64″ | 34°49′34.32″ | 13.65 |
| | | 枣庄市 | 东仓村 | 117°16′14.16″ | 34°50′17.88″ | 16.59 |
| 北京市 | 北京 | 北京 | 亮马河 | 116°28′01.92″ | 39°57′11.52″ | 13.25 |
| | | 北京 | 亮马河 | 116°27′54.00″ | 39°57′10.08″ | 14.56 |

续表

| 隶属省/直辖市/自治区 | 采集区 | 隶属市/县/镇/乡/区 | 市/县/镇/乡/村 | 经度 | 纬度 | 海拔（米） |
|---|---|---|---|---|---|---|
| 北京市 | 北京 | 北京 | 亮马河 | 116°27′47.52″ | 39°57′09.00″ | 12.69 |
| | | 北京 | 亮马河 | 116°27′44.64″ | 39°57′07.92″ | 13.78 |
| 黑龙江省 | 齐齐哈尔 | 齐齐哈尔 | 扎龙湿地 | 124°15′28.44″ | 47°11′40.92″ | 145.00 |
| | | 齐齐哈尔 | 扎龙湿地 | 124°15′50.04″ | 47°12′28.08″ | 155.26 |
| | | 齐齐哈尔 | 扎龙湿地 | 124°15′27.36″ | 47°12′37.80″ | 154.55 |
| | | 齐齐哈尔 | 扎龙湿地 | 124°15′18.00″ | 47°12′59.76″ | 157.01 |
| | 佳木斯 | 佳木斯 | 北兴村 | 130°08′38.04″ | 46°49′23.52″ | 112.00 |
| | | 佳木斯 | 东安村 | 130°05′43.44″ | 46°47′59.28″ | 120.50 |
| | | 佳木斯 | 伏兴村 | 130°05′11.40″ | 46°46′27.48″ | 115.80 |
| | | 佳木斯 | 伏安村 | 130°03′07.92″ | 46°47′16.44″ | 110.30 |
| | | 佳木斯 | 伏胜村 | 130°01′26.76″ | 46°47′50.64″ | 125.50 |
| | | 佳木斯 | 东江村 | 129°57′46.08″ | 46°45′58.32″ | 123.40 |
| | | 佳木斯 | 荣升村 | 129°57′15.12″ | 46°46′12.72″ | 130.50 |
| | | 佳木斯 | 东庆升村 | 129°57′47.16″ | 46°44′05.28″ | 131.80 |
| 吉林省 | 通化 | 通化湾湾川七队 | 湾湾川七队 | 125°53′50.28″ | 41°40′33.96″ | 35.26 |
| | | 通化湾湾川村 | 湾湾川村 | 125°52′08.76″ | 41°40′44.04″ | 33.86 |
| | | 通化河口二队 | 河口二队 | 125°51′11.88″ | 41°40′15.96″ | 34.52 |
| | | 通化下甸子 | 下甸子 | 125°52′44.04″ | 41°39′29.52″ | 39.24 |
| | | 通化下马鞍 | 下马鞍 | 125°50′42.72″ | 41°38′37.68″ | 36.89 |
| 辽宁省 | 沈阳 | 沈阳 | 七公台村 | 123°08′45.60″ | 41°50′24.00″ | 25.00 |
| | | 沈阳 | 七公台村 | 123°08′12.84″ | 41°50′18.60″ | 24.89 |
| | | 沈阳 | 七公台村 | 123°08′05.64″ | 41°49′53.76″ | 29.53 |
| | | 沈阳 | 新红村 | 123°07′56.28″ | 41°49′32.88″ | 27.16 |
| | | 沈阳 | 宋家岗子村 | 123°07′37.20″ | 41°49′43.68″ | 30.56 |
| | | 沈阳 | 宋家岗子村 | 123°07′34.68″ | 41°50′00.60″ | 31.56 |
| | 大连 | 大连 | 魏家台子 | 121°32′44.52″ | 38°56′00.24″ | 25.00 |
| | | 大连 | 红旗西路 | 121°32′27.24″ | 38°55′58.08″ | 23.56 |
| | | 大连 | 湾家村 | 121°32′12.12″ | 38°56′00.24″ | 26.89 |
| 福建省 | 漳州 | 漳州 | 下洲村 | 117°40′43.32″ | 24°29′37.68″ | 25.56 |
| | | 漳州 | 碧湖生态公园 | 117°41′43.44″ | 24°29′44.52″ | 23.78 |

续表

| 隶属省/直辖市/自治区 | 采集区 | 隶属市/县/镇/乡/区 | 市/县/镇/乡/村 | 经度 | 纬度 | 海拔（米） |
|---|---|---|---|---|---|---|
| 福建省 | 漳州 | 漳州 | 西溪亲水公园 | 117°42′56.52″ | 24°29′55.68″ | 29.65 |
| | | 漳州 | 英桥 | 117°44′31.92″ | 24°29′21.84″ | 26.59 |
| 广西壮族自治区 | 桂林 | 桂林 | 杨家岭 | 110°19′57.36″ | 25°13′52.32″ | 159.06 |
| | | 桂林 | 大井头 | 110°21′09.72″ | 25°13′07.32″ | 162.59 |
| | | 桂林 | 大井头 | 110°21′47.16″ | 25°12′21.96″ | 169.85 |
| 江西省 | 鄱阳湖 | 南昌泾口乡 | 山头村 | 28°38′03.54″ | 116°16′23.54″ | 15.00 |
| | | 南昌泾口乡 | 东湖村 | 28°38′40.00″ | 116°14′58.14″ | 15.00 |
| | | 南昌南新乡 | 乡政府驻地 | 28°47′52.90″ | 116°04′14.30″ | 17.00 |
| | | 进贤三阳集乡 | 孟后村 | 28°35′24.50″ | 116°16′27.47″ | 27.00 |
| | | 进贤三里乡 | 六圩村 | 28°38′05.45″ | 116°19′30.44″ | 27.00 |
| | | 进贤三里乡 | 池尾村 | 28°41′34.98″ | 116°24′14.17″ | 22.00 |
| | | 余干瑞洪镇 | 镇驻地 | 28°44′09.90″ | 116°24′37.16″ | 16.00 |
| | | 余干三塘乡 | 下潭村 | 28°44′45.37″ | 116°34′08.70″ | 13.00 |
| | | 余干石口镇 | 石口村 | 28°49′49.45″ | 116°38′02.59″ | 15.00 |
| | | 鄱阳双港镇 | 尧山村 | 29°03′24.00″ | 116°35′42.12″ | 18.00 |
| | | 鄱阳双港镇 | 乐亭村 | 29°07′01.51″ | 116°34′29.06″ | 14.00 |
| | | 鄱阳白沙洲乡 | 车门村 | 29°09′38.89″ | 116°37′50.18″ | 23.00 |
| | | 都昌西源乡 | 茭塘村 | 29°13′17.33″ | 116°16′59.99″ | 23.00 |
| | | 都昌三汊港镇 | 镇驻地 | 29°16′38.40″ | 116°23′55.34″ | 38.00 |
| | | 都昌大树乡 | 大树下 | 29°16′32.74″ | 116°16′05.38″ | 27.00 |
| | | 都昌多宝乡 | 老爷庙 | 29°22′34.24″ | 116°03′43.30″ | 15.00 |
| | | 湖口高垄乡 | 乡政府驻地 | 29°34′32.44″ | 116°04′38.40″ | 36.00 |
| | | 星子蓼花镇 | 胜利村 | 29°21′36.36″ | 116°00′10.00″ | 42.00 |
| | | 星子蓼南乡 | 樟树曹村 | 29°19′12.30″ | 115°59′22.30″ | 22.00 |
| | | 星子蛟塘乡 | 畈上村 | 29°18′37.45″ | 115°55′28.70″ | 25.00 |
| | | 共青城苏家垱乡 | 膏良周村 | 29°15′13.22″ | 115°51′37.70″ | 30.00 |
| | | 共青城富华大道 | 富华大道 | 29°14′30.50″ | 115°48′59.41″ | 27.00 |
| | | 共青城江益镇 | 罗家村 | 29°12′30.66″ | 115°46′49.78″ | 38.00 |
| | | 永修恒丰镇 | 牛头山 | 29°08′00.64″ | 115°51′40.44″ | 18.00 |
| | | 永修九和乡 | 杨柳村 | 29°03′24.43″ | 115°49′35.04″ | 17.00 |

续表

| 隶属省/直辖市/自治区 | 采集区 | 隶属市/县/镇/乡/区 | 市/县/镇/乡/村 | 经度 | 纬度 | 海拔（米） |
|---|---|---|---|---|---|---|
| 江西省 | 鄱阳湖 | 永修马口镇 | 陈新村 | 28°57′20.41″ | 115°46′10.15″ | 17.00 |
| | | 新建大塘坪乡 | 大塘村 | 28°59′28.29″ | 115°54′28.71″ | 24.00 |
| | | 新建铁河乡 | 乡镇府驻地 | 29°01′38.92″ | 115°58′30.30″ | 15.00 |
| | | 新建昌邑乡 | 镇政府驻地 | 29°01′01.00″ | 116°03′46.90″ | 20.00 |
| | | 新建联圩乡 | 下万村 | 28°50′50.00″ | 116°01′36.45″ | 17.00 |

# 参考文献


［1］陈守良，徐克学．菰属 *Zizania*L. 植物的分支分类研究［J］．植物研究，1994，（4）：385－393.

［2］范树国，张再君，刘林等．中国野生稻的种类、地理分布及其特征特性综述［J］．武汉植物学研究，2000，18（5）：417－425.

［3］Han S F，Zhang H，Qin L Q，et al. Effects of dietary carbohydrate replaced with wild rice（*Zizania latifolia*（griseb）turcz）on insulin resistance in rats fed with a high－fat/cholesterol diet［J］．Nutrients，2013，5（2）：552－564.

［4］刘秀丽，高幸福，刘召乾等．优质水生牧草——菰［J］．中国畜禽种业，2015，5：48－49.

［5］王营营，黄璐，樊龙江等．菰（*Zizania latifolia*）主要农艺性状及其驯化育种［J］．浙江大学学报（农业与生命科学版），2013，39（6）：629－635.

［6］翟成凯，孙桂菊，陆琮明等．中国菰资源及其应用价值的研究［J］．资源科学，2000，22（6）：22－24.

［7］王晓丽，富威力，杨福等．菰在水稻育种中利用价值的初

步研究［J］．吉林农业科学，1996（3）：24－26.

［8］翟成凯．菰米的营养成分分析［J］．营养学报，1992，(14)：153.

［9］彭晓赟，赵运林，雷存喜等．菰对南洞庭湖湿地土壤中Cu、Sb、Cd、Pb的吸收与富集［J］．中国农学通报，2009，25(13)：206－210.

［10］周守标，王春景，杨海军等．菰和菖蒲对重金属的胁迫反应及其富集能力［J］．生态学报，2007，27（1）：281－286.

［11］付硕章，柯文山，陈世俭等．洪湖湿地野菰群落储碳固碳功能研究［J］．湖北大学学报（自然科学版），2013，35（3）：393－396.

［12］王晓丽，马建，孙长占等．菰在水稻育种中的研究进展［J］．吉林农业科学（自然科学版），2006，31（1）：35－36.

［13］孙振，包淑英．水稻和菰远缘杂交后代抗旱性初探［J］．北京农学院学报，1996（1）：10－16.

［14］Zan Q C，Chen K P，Wang Z P，et al. Novel rice variety development for sheath blight resistance by transferring nuclear DNA of *Zizania* canduciflora into rice cultivar［J］．Chinese Sci Abstr，2001，(7)：665.

［15］富威力．菰（*Zizania latifolia*）DNA导入水稻引起的性状变异初报［J］．吉林农业大学学报，1992，14（1）：15－18.

［16］朴亨茂，赵粉善，赵基洪等．对2个源自“水稻×菰”非常规远缘杂种的优良品系的分子分析［J］．植物研究，2000(3)：260－263.

[17] Liu B, Dong Y Z, Liu Z L, et al. Foreign DNA introgression caused heritablecytosinede methylation in ribosomal RNA genes of rice [J]. Act a Physiologiae plantarum, 2001, 23: 415 –420.

[18] 周光宇. 从生物进化角度探讨远源杂交的理论 [J]. 中国农业科学, 1978 (2): 16 –20.

[19] Liu B, Liu Z L, Li X W. Production of a highly asymmetric somatic hybrid between rice and *Zizania latifolia* (griseb): Evidence for inter –genomic exchange [J]. Theoretical and Applied Genetics, 1999, 98 (6 –7): 1099 –1103.

[20] 舒璞, 陈守良, 钟文怡等. 菰属系统与演化研究——孕花外俘表皮微形态 [J]. 广西植物, 1990 (2): 107 –114.

[21] 陈守良. 菰属 (*Zizania*L.) 系统与演化研究——外部形态 [J]. 植物研究, 1991 (2): 59 –73.

[22] 陈守良, 杨光. 菰属 (*Zizania*L.) 系统与演化研究——胚形态 [J]. 植物研究, 1993, 13 (4): 347 –352.

[23] 李云善, 朴世领, 朴亨茂等. 水稻与菰杂交后代稳定品系的过氧化物酶同工酶分析 [J]. 吉林农业科学, 2000, 22 (3): 87 –192.

[24] 李云善, 朴世领, 朴亨茂等. 水稻与菰杂交后代稳定品系的酯酶同工酶分析 [J]. 吉林农业科学, 2001, 26 (1): 14 –20.

[25] Xu X W, Ke W D, Yu X P, et al. A preliminary study on population genetic structure and phylogeography of the wild and cultivated *Zizania latifolia* (Poaceae) based on *adh*1 a sequences [J]. Theor Appl Genet, 2008, 116 (6): 35 –43.

［26］ 谭玫．利用 RAPD 和 ISSR 两种分子标记技术研究菰 DNA 渐渗及组织培养过程中诱发的水稻基因组变异和表形遗传变异［D］. 东北师范大学硕士学位论文，2004.

［27］ Chen Y Y，Chu H J，Liu H，et al. Abundant genetic diversity of the wild rice *Zizania latifolia* in central China revealed by microsatellites ［J］．Annals of Applied Biology，2012，161（2）：192 –201.

［28］ 王惠梅，吴国林，黄奇娜等．基于 SSR 和 ISSR 鄱阳湖流域野生菰（*Zizania latifolia*）资源的遗传多样性分析［J］．植物遗传资源学报，2015，16（1）：133 –141.

［29］ 吴国林，王惠梅，黄奇娜等．菰（*Zizania latifolia*）ISSR 反应体系的建立与优化［J］．植物遗传资源学报，2014，15（6）：1394 –1400.

［30］ 任绪瑞，刘艳玲，杨美等．菰 SRAP –PCR 反应体系的优化与建立［J］．热带作物学报，2014，35（2）：299 –306.

［31］ 赖群珍．农业野生植物种质资源野外采样标准研究［J］．安徽农业科学，2007，35（35）：11468 –11469.

［32］ Xu X，Walters C，Antolin M F，et al. Phylogeny and biogeography of the eastern Asian – North American disjunct wild – rice genus（*Zizania* L. Poaceae）［J］．Molecular Phylogenetics & Evolution，2010，55（3）：1008 –1017.

［33］ 沈玮玮，宋成丽，陈洁等．转菰候选基因克隆获得抗白叶枯病水稻植株［J］．中国水稻科学，2010，24（5）：447 –452.

［34］ Guo H B，Li S M，Peng J，et al. *Zizania. latifolia* Turcz. cultivated in China［J］．Genetic Resources and Crop Evolution，2007，54

(6): 1211 -1217.

[35] 赵军红，翟成凯. 中国菰米及其营养保健价值 [J]. 美食研究，2013，30 (1): 34 -38.

[36] 陈炳卿. 营养与食品卫生学 [M]. 北京：人民卫生出版社，2001.

[37] 尤文雨，叶子弘，刘倩等. 我国茭白的生物学研究 [J]. 长江蔬菜，2008 (8x): 35 -38.

[38] 叶子弘，邹克琴，俞晓平等. 一种茭白总蛋白质的提取纯化方法：CN101250217 [P]. 2008.

[39] 郭宏波. 菰属食物营养研究与发展前景 [J]. 中国食物与营养，2008 (6): 13 -15.

[40] Cook C D K. Aquatic Plant Book [M]. The Hague, the Netherlands: SPB Academic Publishing, 1990.

[41] 彭映辉，简永兴，李仁东. 鄱阳湖平原湖泊水生植物群落的多样性 [J]. 中南林业科技大学学报，2003，23 (4): 22 -27.

[42] 文其云. 鄱阳湖湿地植被的现状及保护对策 [J]. 绿色科技，2010，2010 (9): 35 -36.

[43] 许军，王召滢，唐山等. 鄱阳湖湿地植物多样性资源调查与分析 [J]. 西北林学院学报，2013，28 (3): 93 -97.

[44] 陈应梅. 鄱阳湖水生花卉资源调查研究与评价 [D]. 江西农业大学硕士学位论文，2013.

[45] 官少飞，郎青，张本. 鄱阳湖水生植被 [J]. 水生生物学报，1987 (1): 9 -21.

[46] 官少飞. 鄱阳湖水生植物区系的植物地理学特征 [J].

湖泊科学，1990，2（1）：44－49.

［47］官少飞，郎青，张本．鄱阳湖水生维管束植物生物量及其合理开发利用的初步建议［J］．水生生物学报，1987（3）：219－227.

［48］刘玉山，肖慧英，黄燕平等．鄱阳湖蓄滞洪与湿地保护［J］．江西水利科技，2004，30（2）：116－118.

［49］毛端谦，刘春燕．鄱阳湖湿地生态保护与可持续利用研究［J］．热带地理，2002，22（1）：24－27.

［50］丁疆华，温琰茂，舒强等．鄱阳湖湿地保护与可持续发展［J］．环境与开发，1999（3）：42－44.

［51］胡遥云，欧阳青．鄱阳湖生态湿地保护存在的问题及对策［J］．理论导报，2010（1）：16－17.

［52］崔心红，钟扬，李伟等．特大洪水对鄱阳湖水生植物三个优势种的影响［J］．水生生物学报，2000，24（4）：322－325.

［53］罗先诚，郑林，钟业喜．鄱阳湖湿地资源及保护利用［J］．江西师范大学学报（自然版），2001，25（4）：369－373.

［54］邓帆，王学雷，厉恩华等．1993～2010年洞庭湖湿地动态变化［J］．湖泊科学，2012，24（4）：571－576.

［55］何勤业．充分发挥洞庭湖区自然资源优势积极发展淡水经济植物生产［J］．当代水产，1982（1）：50－51.

［56］龙勇．东洞庭湖湿地植被及其生物量研究与三峡工程影响分析［D］．湖南大学硕士学位论文，2013.

［57］吴韵．洞庭湖地区生态文明建设问题研究［D］．湖南师范大学硕士学位论文，2014.

［58］彭德纯，袁正科，廖起凤等．洞庭湖区湖沼植被［J］．生态学杂志，1986（2）：30－34.

［59］简永兴，王建波，何国庆等．洞庭湖区三个湖泊水生植物多样性的比较研究［J］．水生生物学报，2002，26（2）：160－167.

［60］王万贤，毕光扬，张光明等．洞庭湖区药用植物资源及开发利用［J］．长江流域资源与环境，1995（4）：315－321.

［61］彭友林，王云，向国红等．洞庭湖湿地菱属植物种质资源调查［J］．贵州农业科学，2016，44（3）：13－17.

［62］袁穗波，陈彰德．洞庭湖湿地生物多样性：丰富度、管理与保护［C］．中国农业系统工程学术年会，2011.

［63］邓立斌，陈端吕．洞庭湖湿地生物多样性保护及其可持续利用［J］．林业资源管理，2002（1）：60－63.

［64］姚敏，袁穗波，袁正科等．洞庭湖湿地天然植被生态特性及分布规律探析［J］．湖南林业科技，2005，32（5）：29－30.

［65］袁穗波，陈彰德．洞庭湖湿地生物多样性及其管理与保护［C］．首届中国湖泊论坛论文集，2011.

［66］袁正科，袁穗波．洞庭湖湿地野生植物资源种类与开发利用［J］．湖南林业科技，2004，31（5）：43－46.

［67］侯志勇，谢永宏，陈心胜等．洞庭湖湿地植物生活型与生态型［J］．湖泊科学，2016，28（5）：1095－1102.

［68］彭晓赟，赵运林，雷存喜等．菰对南洞庭湖湿地土壤中Cu、Sb、Cd、Pb的吸收与富集［J］．中国农学通报，2009，25（13）：206－210.

［69］唐家汉，钱名全．湖南高等水生植物资源调查报告［J］．

湖南水产科技，1980（3）：45－51.

［70］汪小凡，陈家宽．湖南境内珍稀，濒危水生植物产地的调查［J］．生物多样性，1994，2（4）：193－198.

［71］王青锋，王玉国，潘明清．湖南莽山自然保护区的水生维管束植物——多样性及其生境特征［J］．广西植物，2000，20（1）：27－31.

［72］彭德纯，袁正科，彭光裕等．湖南省洞庭湖区的植被特点及分布规律［J］．中南林业科技大学学报，1984（2）：110－119.

［73］唐家汉，钱名全．湖南水生维管束植物资源调查报告［J］．淡水渔业，1981（2）：33－35.

［74］史璇．江湖关系变化对洞庭湖湖滨湿地生态演变的影响与调控［D］．东华大学硕士学位论文，2013.

［75］朱晓荣，张怀清．结合地理信息的洞庭湖湿地分类方法研究［J］．安徽农业科学，2012（31）：2175－2179.

［76］库文珍，赵运林，董萌等．南洞庭湖湿地优势植物重金属含量及富集特征［J］．湖南城市学院学报（自然科学版），2014，23（1）：44－48.

［77］易理明，陈双玉．水生植物在园林工程中的应用——以湖南地区为例［J］．低碳世界，2017（18）：282－283.

［78］林杨，王德明，彭先红．水位及水质对东洞庭湖湿地的影响［J］．中国林业产业，2016（12）：256－257.

［79］谢宇荣．唐末五代环洞庭湖三区历史军事地理研究［D］．陕西师范大学硕士学位论文，2014.

［80］王朝晖，彭友林，徐兆林等．西洞庭湖湿地野生植物的多

样性［J］．贵州农业科学，2012（3）：6－11.

［81］李飞跃．湘江高等水生植物调查与分析［D］．湖南农业大学硕士学位论文，2010.

［82］文正春，邓企华，臧剑．珍贵的南洞庭湖野生菰种群亟待保护［C］．2012洞庭湖发展论坛，2012.

［83］吴月芽，张根福．1950年代以来太湖流域水环境变迁与驱动因素［J］．经济地理，2014，34（11）：151－157.

［84］赵凯，周彦锋，蒋兆林等．1960年以来太湖水生植被演变［J］．湖泊科学，2017，29（2）：351－362.

［85］谢宇．不同水动力下太湖水生植物群落对水体净化能力研究［D］．南京林业大学硕士学位论文，2012.

［86］张继恒．东太湖茭草资源生态评价及利用对策［J］．中国农业资源与区划，1992，13（5）：70－72.

［87］谷孝鸿，张圣照，白秀玲等．东太湖水生植物群落结构的演变及其沼泽化［J］．生态学报，2005，25（7）：1541－1548.

［88］马武华，邓家璜．高等水生植物与水、土之间营养元素的迁移——以芦苇、菰等为例［J］．海洋湖沼通报，1987（1）：84－91.

［89］刘燕．太湖常见水生植物及群落对水体净化能力研究［D］．南京林业大学硕士学位论文，2013.

［90］雷泽湘，徐德兰，顾继光等．太湖大型水生植物分布特征及其对湖泊营养盐的影响［J］．农业环境科学学报，2008，27（2）：698－704.

［91］王磊，李冬林，丁晶晶等．太湖湖滨湿地沉积物氮磷与两

种挺水植物氮磷的关系［J］．生态环境学报，2011，20（10）：1523－1529.

［92］高永年，高俊峰，陈垧烽等．太湖流域水生态功能三级分区［M］．北京：中国环境科学出版社，2012.

［93］陈立侨，刘影，杨再福等．太湖生态系统的演变与可持续发展［J］．华东师范大学学报（自然科学版），2003，2003（4）：99－106.

［94］鲍建平，缪为民，李劫夫等．太湖水生维管束植物及其合理开发利用的调查研究［J］．大连海洋大学学报，1991，6（1）：13－20.

［95］魏嵩山．太湖水系的历史变迁［J］．复旦学报（社会科学版），1979（2）：58－64.

［96］付硕章，柯文山，陈世俭．洪湖湿地野菰群落储碳、固碳功能研究［J］．湖北大学学报（自科版），2013（3）：393－396.

［97］田昌．洪泽湖浮游植物种群结构变化的水环境驱动因子分析［D］．山东大学博士学位论文，2015.

［98］杨广利．洪泽湖富营养化状态调查及防治技术研究初探［D］．中国海洋大学硕士学位论文，2003.

［99］纪涛．洪泽湖湿地国家级自然保护区物种多样性与生态规划研究［D］．南京林业大学硕士学位论文，2007.

［100］夏双，阮仁宗，颜梅春等．洪泽湖湿地类型变化分析［J］．南京林业大学学报（自然科学版），2012，36（1）：38－42.

［101］卢晓宁，洪佳，王玲玲．洪泽湖湿地区土地生态安全评价［J］．西南大学学报（自然科学版），2015，37（3）：145－150.

［102］高方述，钱谊，王国祥．洪泽湖湿地生态系统特征及存在问题［J］．环境科学与技术，2010，33（5）：1－5.

［103］潘宝宝．洪泽湖湿地水生植物群落碳储量研究［D］．南京林业大学硕士学位论文，2013.

［104］张圣照．洪泽湖水生植被［J］．湖泊科学，1992（1）：63－70.

［105］刘伟龙，邓伟，王根绪等．洪泽湖水生植被现状及过去50多年的变化特征研究［J］．水生态学杂志，2009，2（6）：1－8.

［106］阮仁宗，冯学智，肖鹏峰等．洪泽湖天然湿地的长期变化研究［J］．南京林业大学学报（自然科学版），2005，29（4）：57－60.

［107］韩昭庆．洪泽湖演变的历史过程及其背景分析［J］．中国历史地理论丛，1998（2）：61－76.

［108］黄进，南楠，张金池．洪泽湖主要水生植物群落水环境效益研究［J］．环境科技，2008，21（6）：5－8.

［109］南楠．江苏泗洪洪泽湖湿地保护区植被多样性及其对水质的净化效应研究［D］．南京林业大学硕士学位论文，2008.

［110］窦鸿身，姜家虎．中国五大淡水湖［M］．合肥：中国科学技术大学出版社，2003.

［111］卢心固．巢湖水生植被调查［J］．安徽农学院学报，984（2）：95－102.

［112］洪天求，潘国林，刘路等．巢湖十五里河河口湿地植被动态变化研究［J］．合肥工业大学学报（自然科学版），2007，30（1）：68－72.

［113］李如忠，丁丰．巢湖主要入湖河口湿地植被生态学特征分析——以派河和十五里河为例［J］．安徽建筑大学学报，2009，17（1）：80－84.

［114］郝贝贝，吴昊平，刘文治等．巢湖湖滨带植被特征及其退化原因分析研究［J］．环境科学与管理，2013，38（6）：59－65.

［115］余建英，何旭宏．数据统计分析与 SPSS 应用［M］．北京：人民邮电出版社，2003：164－165.

［116］贾继增．分子标记种质资源鉴定和分子标记育种［J］．中国农业科学，1996，（4）：2－11.

［117］Semagn K，Bjornstad A，Ndjiondjop M N. An overview of molecular marker methods for plants［J］. African Journal of Biotechnology，2006，5（25）：2540－2568.

［118］吴连喜．巢湖流域 30 年土地利用变化及其驱动力研究［J］．土壤通报，2011，42（6）：1293－1298.

［119］李如忠．巢湖水环境生态修复探讨［J］．合肥工业大学学报（社会科学版），2002，16（5）：130－133.

［120］张清慧，董旭辉，姚敏等．沉积硅藻揭示的历史时期水生植被信息——以梁子湖为例［J］．水生生物学报，2014（6）：1024－1032.

［121］郝孟曦．江汉湖群主要湖泊水生植物多样性及群落演替规律研究［D］．湖北大学硕士学位论文，2014.

［122］张清慧．近 200 年来梁子湖水生植被演化及其机制研究［D］．聊城大学硕士学位论文，2014.

［123］李昆．梁子湖区生态功能区划研究［D］．湖北大学硕

士学位论文，2014.

［124］彭有轩，刘华，熊汉锋．梁子湖湿地保护与产业发展探析［J］．湿地科学，2011，9（4）：382－386.

［125］付小沫．梁子湖湿地生物多样性信息系统［D］．华中师范大学硕士学位论文，2008.

［126］葛继稳，蔡庆华，刘建康等．梁子湖湿地植物多样性现状与评价［J］．中国环境科学，2003，23（5）：451－456.

［127］吴卫菊，王玲玲，张斌等．梁子湖水生生物多样性及水质评价研究［J］．环境科学与技术，2014（10）：199－204.

［128］王卫民，杨干荣，樊启学等．梁子湖水生植被［J］．华中农业大学学报，1994，13（3）：281－290.

［129］葛继稳，蔡庆华，李建军等．梁子湖水生植被1955～2001年间的演替［J］．北京林业大学学报，2004，26（1）：14－20.

［130］谢楚芳，舒潼，刘毅等．以植被生物完整性评价梁子湖湖滨湿地生态系统健康［J］．长江流域资源与环境，2015，24（8）：1387－1394.

［131］葛继稳．湿地资源及管理实证研究——以“千湖之省”湖北省为例［M］．北京：科学出版社，2007.

［132］度德政、刘胜祥．湖北湿地［M］．武汉：湖北科技出版社，2006.

［133］李文杰．梁子湖流域土地利用变化对流域水环境的影响［D］．华中师范大学硕士学位论文，2009.

［134］Ge J W，Cai Q H，Li J J，et al. On aquatic vegetation succession of Lake Liangzihu from 1955 to 2001 [J]. Journal of Beijing Forestry University, 2004, 26 (001): 14 – 20.

[135] 王祖熊. 梁子湖湖沼学资料 [J]. 水生生物学报, 1959 (3): 114 – 130.

[136] 葛继稳, 梅伟俊, 刘胜祥等. 梁子湖湿地自然保护区生物多样性研究 [J]. 湖北林业科技, 2003 (z1): 38 – 43.

[137] 彭映辉, 简永兴, 倪乐意. 湖北省梁子湖水生植物的多样性 [J]. 中南林业科技大学学报, 2005, 25 (6): 60 – 64.

[138] Richards C M, Reilley A, Touchell D, et al. Microsatellite primers for Texas wildrice (*Zizania texana*), and a preliminary test of the impact of cryogenic storage on allele frequency at these loci [J]. Conservation Genetics, 2004, 5 (6): 853 – 859.

[139] Quan Z, Pan L, Weidong K, et al. Sixteen polymorphic microsatellite markers from *Zizania latifolia*, Turcz. (Poaceae) [J]. Molecular Ecology Resources, 2009, 9 (3): 887 – 889.

[140] Yeh F, Yang R C, Boyle T. Popgene: Microsoft window – based freeware for population genetic analysis, version1. 31 [D]. Edmonton: University of Alberta, 1999.

[141] Pritchard J K, Stephens M, Donnelly P. Inference of population structure using multilocus genotype data [J]. Genetics, 2000, 155 (2): 574 – 578.

[142] Evanno G, Regnaut S, Goudet J. Detecting the number of clusters of individuals using the software STRUCTURE: a simulation study [J]. Molecular Ecology, 2005, 14 (8): 2611 – 2620.

[143] Lu Y, Waller D. Genetic Variability Is Correlated with Population Size and Reproduction in American Wild – Rice (*Zizania palustris* var. *palustris*, Poaceae) Populations [J]. American Journal of Botany, 2005, 92 (6): 990 – 997.

[144] Guadagnuolo R, Bianchi D, Felber F. Specific genetic markers for wheat, spelt, and four wild relatives: comparison of isozymes, RAPDs, and wheat microsatellites [J]. Genome/National Research Council Canada = Genome/Conseil national de recherches Canada, 2001, 44 (4): 610.

[145] Oelke E A. Wild rice: domestication of a native North American genus [J]. In: Janick J, Simon JE (eds). New crops. Wiley, New York, 1993: 235 – 243.

[146] Kennard W, Phillips R, Porter R, et al. A comparative map of wild rice (*Zizania palustris* L. 2n = 2x = 30) [J]. Theoretical and Applied Genetics, 1999, 99 (5): 793 – 799.

[147] Guo L, Qiu J, Han Z, et al. A host plant genome (*Zizania latifolia*) after a century – long endophyte infection [J]. Plant Journal, 2015, 83 (4): 600 – 609.

[148] Shan X H, Ou X F, Liu Z L, et al. Transpositional activation of mPing in an asymmetric nuclear somatic cell hybrid of rice and *Zizania latifolia* was accompanied by massive element loss [J]. Theoretical and Applied Genetics, 2009, 119 (7): 1325 – 1333.

[149] Wang N, Wang H, Hui W, et al. Transpositional reactivation of the Dart transposon family in rice lines derived from introgressive

hybridization with *Zizania latifolia* [J]. BMC Plant Biology, 2010, 10 (1): 190.

[150] Dong Z, Wang H, Dong Y, et al. Extensive microsatellite variation in rice induced by introgression from wild rice (*Zizania latifolia* Griseb.) [J]. Plos One, 2013, 8 (4): e62317 – e62317.

[151] 曹家树，秦岭. 园艺植物种质资源学 [M]. 北京：中国农业出版社，2005.

[152] 宋希强. 观赏植物种质资源 [M]. 北京：中国建筑工业出版社，2012.

# 后　记

由于课题组在野生菰种质资源的基础研究领域做了部分开创性工作，因而湖南沅江民间育种专家臧剑先生主动将自己20多年潜心创制的数十个野生菰与水稻远缘杂交材料（简称菰稻）委托给本书作者，由本书作者负责联合国内外高水平研究团队对菰稻材料展开系统的基础研究。

由臧剑发明的新型植物远缘育种方法育出的菰稻，高产性状十分突出，多个材料性状已稳定，将陆续投入生产应用。例如，广东著名优质水稻品种马坝银占，平均亩产300～400千克。经臧剑新型育种方法改造，历时2年时间，已育成了生产性状稳定的马坝银占菰稻，并在广东、广西、湖南、浙江和江西等多地试种成功。马坝银占菰稻试种产量几乎翻番，亩产达600千克以上。投资方正在申请马坝银占菰稻新品种保护权和品种审定，未来有望在全国各地推广应用。

目前，菰稻及其新型育种技术已引起学术界的广泛关注，其中中国计量大学生命科学学院、广东省农科院水稻所、中科院遗传与发育生物学研究所、华南农业大学生命科学学院、江西农业大学理学院、抚州农科所和江西财经大学统计学院等部分专家团队已率先加入菰稻材料的育种与基础研究计划，各项工作正在有序展开，未来很值得期待。

笔 者

2019 年 6 月